儿童
情绪管理
全书

甘开全——著

古吴轩出版社

中国·苏州

图书在版编目（CIP）数据

儿童情绪管理全书 / 甘开全著. — 苏州 ： 古吴轩
出版社，2018.8（2021.1重印）
ISBN 978-7-5546-1177-7

Ⅰ．①儿… Ⅱ．①甘… Ⅲ．①情绪－自我控制－儿童
教育－家庭教育 Ⅳ．①B842.6②G782

中国版本图书馆CIP数据核字（2018）第149161号

责任编辑：蒋丽华
见习编辑：沈师仔
策　　划：马剑涛
装帧设计：润和佳艺

书　　名：**儿童情绪管理全书**
著　　者：甘开全
出版发行：古吴轩出版社
　　　　　地址：苏州市八达街118号苏州新闻大厦30F　邮编：215123
　　　　　电话：0512-65233679　　　　　传真：0512-65220750
出 版 人：尹剑峰
印　　刷：唐山市铭诚印刷有限公司
开　　本：880×1230　　1/32
印　　张：6.5
版　　次：2018年8月第1版
印　　次：2021年1月第3次印刷
书　　号：ISBN 978-7-5546-1177-7
定　　价：42.00元

如有印装质量问题，请与印刷厂联系。010-69590252

前言

　　"孩子整天哭闹不停""孩子任性乱发脾气""孩子经不起一点小小的失败""孩子一天到晚黏着妈妈""孩子逆反情绪越来越严重"……

　　这些现象背后，都隐藏着儿童的情绪管理问题。《儿童情绪管理全书》中包含三块主要内容：一是精彩生动的儿童情绪管理故事；二是情绪管理的相关理论知识；三是针对儿童的情绪管理，给家长提供的通俗易懂的实际操作方法。

　　有时候，孩子的喜怒哀乐等情绪都写在脸上，可是他自己却感觉不到，也无法控制。所以，父母要引导孩子了解自己的情绪变化，进一步认识什么是正面情绪和负面情绪。

高兴是积极情绪，家长应对孩子的这种情绪给予认同和鼓励，但是，如果孩子的情绪控制不好，兴奋难抑，就容易做出在公共场合大喊大叫等破坏公共秩序的行为，甚至被人认定为不懂文明礼貌的"熊孩子"。所以，家长应对孩子的这种情绪加以引导，让孩子在心情愉悦的同时，约束好自己的行为。

　　孩子的情绪控制力差，常常遇到一点小事，稍有不如意，就产生烦躁、生气等情绪，做出跟父母耍赖、攻击同伴等发脾气的行为，让父母头疼不已。但是针对这种情况，父母一定不能简单粗暴地对待，而应讲求方法，来疏导孩子的负面情绪。

　　随着年龄的增长，孩子的自我意识逐渐清晰，同时逆反情绪也在增强。孩子爱说"我不要"，常常跟父母唱反调，这让父母烦恼不已。对此，父母要引导孩子学会换位思考、感恩父母，同时跟孩子平等共处，不压制，多包容，成为孩子的好朋友，真正消除孩子的逆反和抵触情绪。

孩子黏人，跟父母分开就哭闹不止，这是因为分离带来的焦虑情绪。再伟大的爱也终究要面临分离，随着孩子渐渐长大，父母需要引导孩子学会独立。引导的过程中很重要的一点是，给足孩子安全感。

别看孩子年纪小，就以为他们什么都不懂，他们也会有藏在心底的忧伤情绪，这些情绪积累起来，无处发泄，就会影响孩子的健康成长。父母要做教育中的有心人，留心观察孩子的情绪变化，及时跟他们沟通，做最好的倾听者。

不合群、独来独往不利于孩子的健康成长。父母要解决这个问题，就要引导孩子扩大交际范围，找到志趣相投的朋友，并学会与别人合作。

孩子由于年龄尚小，阅历较少，对很多未知事物经常会感到害怕。这时，父母可以通过事先模拟演练、解释自然规律、树立安全意识等方法，来消除孩子心中的恐惧。

跟爱玩是孩子的天性一样，不爱上学，对学习有厌烦情绪，好像也是孩子的天性，这让家长们苦恼不已。苦恼之余，家长们或许可以思考一下，自己是否可以通过改进教育方式，来消除孩子的厌学情绪，唤醒孩子的学习热情？

有的孩子只能接受赢和表扬，不能接受输与批评。他们一旦在考试或竞赛中输了，就会产生气馁甚至嫉妒他人的情绪。这时，父母要引导孩子解决输不起的问题。

情绪控制好了，就可以变成让孩子变得积极阳光的正能量；情绪控制不好，就可能影响孩子的健康成长。父母要引导孩子学会控制情绪，具体包括洞察情绪、表达情绪、宣泄情绪、调整情绪等。

一书在手，儿童情绪管理不用愁。我们衷心地希望《儿童情绪管理全书》能帮助越来越多的孩子通过情绪管理，成为驾驭自己情绪的真正主人，在学习和生活中能游刃有余地控制与表达自己的情绪，收获一次又一次成功，最终实现幸福丰盈的人生！

目录

CHAPTER 1

第1章

情绪管理入门——走进孩子
的"小小情绪世界"

有时候，孩子的喜怒哀乐等情绪都写在脸上，可是他自己却感觉不到，也无法控制。所以，父母要引导孩子了解自己的情绪变化，进一步认识什么是正面情绪和负面情绪。

基本情绪：小小"变脸王"，喜怒哀乐都写脸上

阳阳是一个5岁的小男孩。他盼呀盼，终于盼到了儿童节。清早，当一抹柔和的阳光洒进卧室的时候，他就掀开被子，光着两只小脚丫，"噔噔噔"地跑来摇醒妈妈。

"妈妈，儿童节到了，我的礼物呢？"阳阳瞪大铜铃般的眼睛。

"我早就准备好了。"妈妈从床下拿出了一个礼物盒。

阳阳接过妈妈的礼物盒，打开一看，发现里面有一大包五颜六色的气球，还有一个黑色的迷你打气筒。阳阳高兴极了，马上用嘴吹气球，可是怎么也吹不起来……

"用打气筒打气吧。"妈妈一边说，一边示范起来。

妈妈把气球嘴套在打气筒的气孔上，然后一手按住气球嘴，一手推拉活塞。只听"唧唧"两声，一个红色的气球就充满了气，变得又大又鼓，妈妈随后又将气球嘴打了个结。

阳阳学着妈妈的样子，给一个黑色的气球打气。只听"扑哧"一声，黑色的气球突然飞了出去，气全部漏光。

阳阳涨红了脸，非常生气，他直接拿来剪刀把气球剪破了。

妈妈过来耐心地开导他："下次你推拉活塞的时候，要用一只手按住气球嘴，这样它就不会飞出去了。"

过了一会儿，阳阳又给一个蓝色的气球打满了气，他学着妈妈的样子，把气球嘴拉出来，准备打结。没想到，气球"嘣"的一声，瞬间爆了，阳阳被吓到了，扔下打气筒，大哭起来。

妈妈连忙过来安慰阳阳，摸摸他的头说："别害怕，下次不要把气打这么满，气球就不会爆了。"然后妈妈给他做了个示范。

"知道了，这回我要做出很多很多的气球。"阳阳擦干眼泪，继续给气球打气。

不一会儿，阳阳周边就飘起五颜六色的气球，他就像一个魔法师一样，指挥着这些"气球精灵"不停地弹跳着。

"阳阳的气球，又大又漂亮。"妈妈向阳阳伸出两个大拇指。

"那当然了。"阳阳抱着气球，兴奋得手舞足蹈起来。

"快给气球画上表情吧，这些'气球精灵'就像你一样，是小小的'变脸王'，把喜怒哀乐全写在脸上。"妈妈用记号笔在一个气球上画了一个大笑脸。

"呵呵，气球会笑，也会哭，太好玩了！"阳阳用笔在气球上画了两行泪……

以上故事中的阳阳在给气球打气的过程中，把喜怒哀乐等情绪表现得淋漓尽致。心理学家在情绪的发展研究中，一般把人类的情绪分为基本情绪和自我意识情绪两大类。孩子的基本情绪包括愉快、愤怒、悲伤、惊讶、恐惧和厌恶六个方面，可以简称为喜、怒、哀、惊、惧、厌。

孩子很少会掩饰自己的情绪，很多时候被情绪控制还不自知，此时就需要父母教会孩子体验自己身上的情绪。

那么，父母怎么让孩子体验自己身上的基本情绪呢？下面有几点建议：

1. 跟孩子玩一玩"照镜子"的游戏

"照镜子"可以将一些情绪具象化，让孩子更容易认识与理解自己身上的情绪。孩子开心的时候，可以带他照照镜子，让他看自己笑起来弯弯的眼睛；孩子难过的时候，可以带他照照镜子，让他看看自己噘起的嘴巴、豆大的泪珠……

2. 让孩子给情绪画一张表情画

父母可以拿来六张白纸，引导孩子在白纸上画出喜、怒、哀、惊、惧、厌六种表情画，并挂在房间里。当孩子有情绪时，可以让孩子自己"配配对"。例如，孩子把新衣服弄脏了正在生气，这时父母可以让孩子在"怒"的表情画上打个钩，让他明白自己此时的情绪状态。

3. 跟孩子玩"猜一猜"游戏

孩子把很多情绪都写在脸上，所以父母没有必要一语道破，可以跟他玩"猜一猜"游戏，争取把孩子消极的情绪转化为积极的情绪。比如，孩子伤心难过时，妈妈可以说："让我看一看，是谁把自己哭成了小花猫啊？"孩子可能会偷偷擦掉眼泪，破涕为笑地说："我才不是小花猫呢！"

4. 让孩子想哭就哭，想笑就笑，把基本情绪宣泄出来

孩子天真无邪，很容易把情绪毫不掩饰地宣泄出来，这时父母要学会疏导，而不是堵截。父母应该让孩子宣泄完之后，再告诉他这就是人的基本情绪，每个人都会有。

例如，孩子的玩具被爸爸不小心扔了，他很生气，拍桌子抗议。爸爸要先让他宣泄完毕，然后再告诉他："你这样做就是生气的表现，爸爸以后不乱拿你的东西，你以后也不能随便拿别人的东西，要不然别人也会像你一样生气的。"

自我意识情绪：鞋子和衣服穿反了，有点害羞

"阿嚏——阿嚏——"冬天的早上，杰瑞一起床就直打喷嚏、流鼻涕。

"快点穿上新鞋和新衣服，这样就暖和了！要不要妈妈帮忙？"妈妈在厨房忙着做早餐。

杰瑞是一个3岁的小男孩，他的独立性很强，什么事情都要抢着自己做。

"不用，我自己会穿！"杰瑞开始在卧室里摸索起来。

穿鞋的时候，杰瑞发现自己有点分不清楚左右脚。这时，杰瑞不好意思去问妈妈，因为他不想让妈妈笑话他不会穿鞋。于是，他就将左脚使劲塞进一只鞋里，接着再将右脚使劲塞进

另一只鞋里。杰瑞高兴地说："这双新鞋真合脚！"

穿好鞋后，杰瑞又开始套毛衣，他发现这件毛衣是圆领的，他分不清哪边是正面，哪边是反面。杰瑞还是不好意思去问妈妈，因为他不想让妈妈笑话他不会穿衣服。于是，杰瑞就把左手和右手插进毛衣的袖口，再把毛衣撑开，头钻出领口。杰瑞得意地说："这件新衣服真暖和！"

"穿好了没有？"妈妈端来早餐。

"穿好了。"杰瑞来到妈妈面前，摆了个帅气的姿势。

"哈哈，宝贝，你的鞋和衣服都穿反了！"妈妈忍不住笑出来。

"我不信。"杰瑞有点不服气。

"不信，你来镜子面前照照看。"妈妈带他来到镜子面前。

杰瑞来到镜子面前一看，发现鞋穿反了，鞋尖都朝着外面，而且毛衣也穿反了，超人图标应该在胸前，而不是背后。

"呀，真的穿反了，丑死啦！"杰瑞觉得有点不好意思，脸都红了，他躲到门后面，说："妈妈您别看我，等我换好了您再看。"

"嗯，我们杰瑞还知道害羞了呢，好，妈妈不看，你换吧。"妈妈说。

于是，杰瑞又花了不少工夫，把鞋子和毛衣正确穿好。妈妈一个劲夸他："你真是太棒了，由原来的'反穿大王'变成现在的'时尚王子'了。"

在这个故事中，杰瑞把鞋子和毛衣统统穿反了，妈妈笑他，让他产生了害羞的感觉。然后，妈妈再引导他正确穿好鞋子和衣服，不仅消除了他的害羞情绪，还夸他变成了"时尚王子"。

孩子的自我意识情绪是在自我意识发展的基础上，由自我参与产生的一种更高级的情绪，包括害羞、内疚、尴尬、自豪、烦恼等。

当孩子产生自我意识情绪的时候，父母应该怎么引导他们处理这些情绪呢？可以参考以下几点：

1. 当孩子感到害羞时，不要笑话他

很多孩子都有害羞的体验，如脸红心跳、躲躲闪闪等。当孩子出现害羞的情绪时，父母不要笑话他，而应该正确地引导和鼓励他。

2. 当孩子感到内疚时，想办法排解

当孩子做了自己认为不好的事情时，他会觉得很内疚、很难受。这时候，父母不能采用暴力的方式来解决，而是要向孩子道歉，告诉他父母也有不对的地方，以减少孩子的内疚情绪。

例如，孩子把爸爸的电动剃须刀拆坏了，感到很内疚。这时，爸爸可以告诉他："是爸爸不对，不应该把电动剃须刀放在玩具堆里，让你误以为那是玩具。通过这次拆电动剃须刀，你也知道了，没有足够的知识是修不好它的。所以，以

后你要努力学习哟！"

3. 引导孩子通过自我解嘲，化解尴尬的情况

在日常生活中，孩子经常会遇到一些尴尬的事情，这时候，父母要引导孩子通过自我解嘲的方式来化解尴尬，让他不要因为一点小事，就全盘否定自己。

例如，孩子是左撇子，当所有的同学都用右手吃饭的时候，他却做不到，显得十分尴尬。这时，父母可以教孩子自我解嘲："听说左撇子吃起饭来会更香，而且使用左手还能开发右脑的潜能呢！"

4. 发掘孩子身上的闪光点，让孩子为自己感到自豪

每个孩子身上都有自己的优点，父母要善于发现并总结出来，让孩子知道自己比别人厉害的地方在哪里，让孩子为自己感到自豪。

情绪影响："真奇怪，看到妈妈哭了，我也想哭"

　　幼儿园开学了。当天上午，在幼儿园门口，很多家长送孩子上学，人来人往，络绎不绝。

　　爸爸和妈妈送4岁的勇涛来上学，三个人走到校门口。妈妈突然问了一句："勇涛的汗巾拿了没有？"

　　爸爸把书包翻了一遍，然后说："书包里哪里有汗巾？谁叫你在出发前不检查，等到现在才说。"

　　"快点回去拿吧。"妈妈说。

　　"不行，我急着上班呢。"爸爸表现出一脸为难的样子。

　　"急什么，先把孩子的事情做好，再做其他的。孩子的哪件事情不是我在管，你有管过吗？"妈妈生气地说。

"不要无理取闹，不就是一条汗巾吗，我现在去买就是了！"爸爸嚷起来。

"你去买呀，看你能不能买到！"妈妈也嚷起来。

爸爸在附近的店铺找来找去，却没有买到汗巾。当爸爸垂头丧气地回来时，妈妈还奚落他："买不到了吧，你说起大话来的声音比雷声还要大。"

"我不理你们了。我走了……"爸爸生气了，扭头就走。

妈妈拉着勇涛，看着爸爸远去的背影，眼泪马上流下来了。妈妈哭了，躲在角落里偷偷擦眼泪。

这时，勇涛受到妈妈情绪的影响，也开始抽泣起来，慢慢地便大哭起来。很多家长都围拢过来，七嘴八舌，议论纷纷。有的说是爸爸的不对，有的说是妈妈的不对。

这时，幼儿园的老师走过来，她给了勇涛一个转动的小风车，成功转移了他的注意力。老师说："别哭了，你一哭风车就不转了，我们去跟同学们一起玩风车吧。"

勇涛擦掉眼泪，跟妈妈挥手道别，然后跟老师进了教室。

"老师，为什么妈妈哭了，我也想哭呀？"勇涛小声问。

"妈妈哭了，说明她很伤心，她的情绪影响了你，所以你也感到很伤心。不过，你不要想太多，下午爸爸妈妈一定会开开心心地来接你回去。"老师笑着说。

当天，在老师的一番调解下，勇涛的妈妈和爸爸不吵了，一家三口手拉手回家了。

在这个故事中，勇涛的妈妈和爸爸因为忘带一条汗巾而发生争吵，妈妈伤心地哭了，还影响了孩子的情绪，后来老师通过转移孩子的注意力，平复了孩子的情绪。

心理学上把焦虑、紧张、愤怒、沮丧、悲伤、痛苦等情绪统称为负面情绪。孩子有这种情绪体验时会产生不适感，既会影响他的学习和生活，又会影响他的身心健康。

为了孩子的健康成长，父母要尽量减少负面情绪对孩子的影响。

父母怎样做才能减少负面情绪对孩子的影响呢？以下的建议值得借鉴：

1. 用孩子感兴趣的东西消除他的负面情绪

当孩子出现悲伤、痛苦、焦虑、紧张、愤怒、沮丧等负面情绪时，父母可以转移孩子的注意力，用孩子感兴趣的东西来冲淡和消除他的负面情绪。

例如，孩子上学时感到很焦虑，这时，父母可以让他在书包里装上他最喜欢的小公仔。当他焦虑时，可以把公仔拿出来看一看、捏一捏。

2. 不要轻易打骂孩子

在日常生活中，当父母承受较大的压力，产生了很多负面情绪时，千万不要随意打骂孩子，不要让自己的负面情绪影响孩子的健康成长。父母可以找一些发泄渠道，如享用美食、运动健身等来缓解情绪。

例如，妈妈在工作中受到了批评，回到家之后，请不要对着孩子发脾气。妈妈可以做做瑜伽、泡泡澡来缓解心中的愤怒情绪。

3. 父母不要在孩子面前争吵，要多安慰孩子

父母要极力维护家庭的和谐，不能因为一些生活琐事，就在孩子面前破口大骂、大打出手。当父母发现自己的负面情绪影响孩子的心情时，要多安慰孩子，让孩子变得乐观起来。

例如，爸爸不会修灯泡，妈妈就和爸爸吵起来，两个人还推推搡搡。孩子看到这一幕很害怕，这时，父母要果断终止争吵，并安慰孩子说："爸爸和妈妈并没有打架，我们在商量，如何让灯泡亮起来。"

4. 与孩子多聊天、多沟通，做他的知心朋友

父母与孩子共处的时候，不要只顾着玩手机，而要跟孩

子多沟通，了解他的想法和情绪变化。父母一旦发现孩子有
负面情绪，就要及时想办法解决。

例如，孩子放学回家，就把自己关在房间里，晚饭也不
想吃。这时，父母应该放下手中的事情，温柔、耐心地与孩
子进行沟通，做最好的倾听者，帮助他疏导负面情绪。

疏导情绪：告诉孩子"妈妈知道你很难过"

雷雷养了好久的小猫生病死了，雷雷特别难过，晚饭也不吃，待在房间里不出来。爸爸很心疼，走进房间安慰他："儿子，出来吃饭吧，吃完饭爸爸就带你再去买一只小猫，好不好？"

雷雷说："不要，我只要花花……"

爸爸说："爸爸保证给你找一只跟花花一模一样的！"

谁知，雷雷生气地把爸爸推到门外，大喊道："我讨厌爸爸，我再也不养小动物了！"

这时，妈妈正好下班回来，听爸爸说了事情的经过。

妈妈走进房间，温柔地摸摸雷雷的头说："宝贝，花花走了，妈妈知道你舍不得它，妈妈也舍不得。你们俩是好朋友，对不对？"

雷雷点点头说："嗯，妈妈，我好想它……"

妈妈把雷雷抱到怀里，说："宝贝，你要是觉得难过的话，就哭出来吧。"

听了妈妈的话，雷雷忍不住大哭起来，他一边哭一边跟妈妈聊天，哭累了就在妈妈怀里睡着了。

醒来以后，妈妈问雷雷："宝贝，心情好些了吗？"

雷雷点点头说："嗯，哭完感觉好多了。"

妈妈说："那我们为花花做点什么好不好？"

雷雷拍着手说："好！"

妈妈拿来画纸和颜料，说："花花长得那么漂亮，我们给它画张像，好吗？你是它的小主人，你一定画得最好。"

雷雷露出了笑容，说："好啊，那花花就可以一直陪着我了！"

在这个故事中，面对雷雷的悲伤，爸爸试着尽快让他高兴起来，这却让雷雷十分生气，他认为爸爸的建议是让他背叛花花。而妈妈是怎么做的呢？妈妈先是让雷雷想哭就哭出来，之后又让他帮花花画像，通过这两种方式，引导雷雷将内心的悲伤情绪发泄了出来，雷雷也感觉轻松多了。妈妈的做法很对，孩子的负面情绪必须合理发泄出来。

那么，具体来说，父母怎样做才能及时有效地帮助孩子疏导情绪呢？以下几点建议可供大家参考：

1. 留心观察孩子的情绪变化

父母要特别留意孩子的神情举止，经常关心孩子的情绪变化，比如问孩子："今天有高兴的事情发生吗？""怎么看上去有点不开心？"如果孩子不想说，父母也不要强迫，只要让他感受到父母对他的爱、关注和支持就好了。

2. 接纳孩子的负面情绪

很多父母一看到孩子有负面情绪，就立即想办法制止，其实这是不对的。父母需要明白一点，孩子有负面情绪特别正常，他需要发泄，需要理解，这时候父母最好的做法是做一个温柔耐心的倾听者，接纳孩子的情绪。接纳情绪是疏导情绪的前提，这很重要。

3. 给孩子提供发泄情绪的良性渠道

孩子年龄尚小，对情绪的控制能力很弱，所以当情绪产生的时候，他们往往会采取一些不恰当的发泄方式，比如打人、骂人、大喊大叫、摔东西等。父母应加以引导，为他们提供一些良性的发泄渠道，比如画画、唱歌、写日记等。

CHAPTER 2

第2章

教孩子兴奋也要控制，不做
不懂礼貌的"熊孩子"

高兴是积极情绪，家长应对孩子的这种情绪给予认同和鼓励，但是，如果孩子的情绪控制不好，兴奋难抑，就容易做出在公共场合大喊大叫等破坏公共秩序的行为，甚至被人认定为不懂文明礼貌的"熊孩子"。所以，家长应对孩子的这种情绪加以引导，让孩子在心情愉悦的同时，约束好自己的行为。

及时分享孩子的喜悦，同时提醒他不要打扰他人

中午，妈妈去舞蹈教室给女儿送衣服，正好看见宝贝女儿穿着柔软的舞蹈服，正在教室里跳舞。

看见妈妈，丽霞一下冲过来抱住妈妈，高兴地大喊："妈妈，我今天——"

妈妈把手放在唇边，做了一个"嘘"的手势，说："宝贝，有同学在睡觉呢，我们出去说。"

"丽霞今天好像很高兴哟，是不是得了'大拇指'？"来到操场上，妈妈开心地问。

"您是怎么知道的？"丽霞惊讶地问。

"你的高兴都写在脸上了，你手舞足蹈、两眼放光，肯定是在学校里得到表扬了吧？"妈妈猜起来。

"我得了两个'大拇指'。"丽霞向妈妈伸出双手，上面贴着两张"大拇指"贴纸，那是老师表扬孩子的证据。

"跟妈妈说说，今天在幼儿园有什么开心的事情？"妈妈问。

"老师说我跳舞跳得比天鹅还要好，所以就奖给我两个'大拇指'。"丽霞充满了自豪感。

"太好了，我们家丽霞真棒。"妈妈也朝丽霞竖起了大拇指。

在这个故事中，丽霞妈妈及时分享了女儿的喜悦，同时提醒她不要打扰同学休息。妈妈的这种做法既礼貌又细致，既让孩子很好地表达了情绪，又引导孩子学会了控制情绪。

那么，当孩子高兴、愉悦时，父母应该怎样回应呢？以下的方法值得借鉴：

1. 细致观察，第一时间指出孩子的情绪

要引导孩子学会表达情绪，首先父母就要做好榜样，在生活中及时发现孩子的情绪，并用语言表达出来。这样做能给孩子营造一种自然表达情绪的氛围，同时让孩子感受到被关注。

2. 做出积极的回应，分享孩子的喜悦

情绪需要分享，分享会让孩子更加快乐。父母应给出积极的回应，询问孩子情绪的由来，投入真实的感情和好奇心。

3. 挑选适合的场所分享情绪，不影响他人

在分享情绪之前，父母需要确定当前的场所是否适合，考虑会不会打扰或影响其他人，这种好习惯会潜移默化地引导孩子做一个有礼貌、懂得遵守公共秩序和照顾他人的人。

孩子"人来疯"，其实是因为被冷落

清晨，阳光照到龙龙家的小院子里，6岁的龙龙正在院子里看书，一切都显得很正常。

"叮咚——"家里的门铃响了，爸爸去开门，把客人迎进来。

爸爸给客人端茶倒水，然后开心地聊起来。

这时，龙龙再也无心看书了，他把书扔到桌子上，然后偷偷靠近客人观察起来，他发现这个客人长得慈眉善目、和蔼可亲，就开始闹起来。

"爸爸，你们谈什么呀？跟我有关吗？"龙龙开始不断插嘴了。

"大人说话，小孩子不要乱插嘴。"爸爸回过头呵斥龙龙。

没想到，龙龙没有回去看书，却打开了电视，还把音量开到最大，让爸爸和客人的交谈无法继续。

"你再这样，我就不客气了。"爸爸生气地把电视关掉。

过了一会儿，龙龙从卧室里拿出玩具枪，对着客人"突突突"地打起来，客人显得很尴尬。

"不得对客人无理。"爸爸把龙龙的玩具枪没收了。

没想到，龙龙站在沙发上跳起来，还故意摔到客人的身上。

"哎哟，小心，不要摔着了。"客人说完，就挪到椅子上去坐。

"没礼貌，既然你这么闲不住，就去帮我们洗点水果拿过来。"爸爸不得不安排龙龙干点活儿。

可是，龙龙却要去"骚扰"客人，他突然跑到客人的背后，使劲地摇客人的椅子。

最后，爸爸和客人的交谈实在进行不下去了，客人只好起身告辞，俩人约好下次再聊。

送走客人后，爸爸生气地批评龙龙："你这孩子太没有礼貌了，看看，都把人家给吓走了！"

"我只是想跟客人玩一下嘛，谁让你们大人都不理我，我只好自己找你们玩了……"龙龙小声回答。

听了龙龙的话，爸爸意识到，原来他不是故意捣蛋，而是因为遭受了大人的冷落。

龙龙发现家里来了客人，就犯了"人来疯"，故意搞出很多动作来，以吸引客人的注意，结果客人被他吓跑了。

一般个性活泼好动的孩子更容易这样，他们看见家里来客人就兴奋，本来没有恶意，只是想跟客人闹着玩儿，或是表达自己对客人的热情，却因为情绪没控制好，而出现了有失礼貌的行为。

那么，遇到这种情况，父母应该怎么引导孩子控制情绪、约束行为呢？以下几点建议值得参考：

1. 让孩子参与父母同客人的交流，谁也不会被冷落

当客人与父母交流时，孩子被隔离在一边，没人关注，没人理，孩子会感到被人冷落。这时，父母可以让孩子参与交流，不断询问孩子一些问题，让孩子老老实实做一个旁听者。

2. 满足孩子的合理需求，让他偶尔表现一下自己

当父母与客人交流时，孩子犯"人来疯"，导致交流无法进行，这时父母可以满足孩子的合理需求，让他偶尔在客人面前表现一下自己。比如，父母可以让孩子在客人面前背诗、唱歌、跳舞等，大家再表扬他一番，以满足他的表现欲望。

3. 事后，对孩子进行必要的礼仪教育

如果孩子犯"人来疯"把客人吓跑了，父母没必要惩罚孩子，因为孩子只是想引起别人的注意而已，他并没有什么

恶意。父母可以在事后，对孩子进行必要的礼仪教育，让他知道客人来了该怎么做。

比如，父母可以教孩子："以后客人来了，你要使用'您好''请进''请坐''请喝茶''再见'等礼貌用语，不要干扰爸爸妈妈与客人的正常交流。"

孩子不是故意"熊"，只是缺乏公共秩序意识

电影院里正在播放年度最火爆的动画，观众席上灯光昏暗，大家都戴着3D眼镜安静地观影。5岁的高峰和妈妈也在电影院里面看电影。

"妈妈，我要喝水！"高峰突然大叫起来。

"小声一点，在公共场所要保持安静。"妈妈小声说话，并把水瓶拿给他。

"哎呀，水太烫了！"高峰突然又大叫起来。

"这孩子真没礼貌。""当妈的也不管管。"周边的观众开始对他们有意见了。

"说话小声一点，尽量用手势来表达，你听到没有？你现在影响别人看电影，别人有意见了。"妈妈觉得很无奈。

过了一会儿，高峰突然又大叫起来："妈妈，我的爆米花呢？"

"在这里。"妈妈赶紧捂住高峰的嘴巴，然后把爆米花递过去。

接下来，高峰开始"咯啦咯啦"地吃起爆米花来，看到电影精彩的地方，还会站起来欢呼几声。

"这孩子怎么站起来了？快坐下，你挡住我们的视线了！"后面观众的意见越来越大。

这时，妈妈实在受不了观众的指责，只好对高峰说："我们出去上洗手间吧。"

很快，妈妈就把高峰拉到洗手间，然后对他说："在电影院看电影要遵守公共秩序，要保持安静，你可不能像在家里看电视那样随便喊叫。"

"那我们还能进去看电影吗？"高峰小声问。

"只要你能保持安静，我们就进去。如果你做不到，我们就要回家了，因为你进去大喊大叫，会影响到别人。"妈妈说。

"那我们还是回家吧。"高峰想了一下，觉得自己管不住自己的嘴巴。

"那好吧，你以后要注意一点，不要在公共场所大喊大叫。"妈妈说完就带高峰离开了电影院。

在以上故事中，高峰在电影院看电影时大喊大叫，无视别人的存在，结果引起其他观众的指责和愤怒。最后，妈妈只好将高峰带离电影院。

孩子的情绪控制力差，兴奋难抑，在公共场所大声说话、吃东西，影响到了其他人，父母该怎么办呢？可以通过以下办法来解决：

1. 将孩子带离公共场所

在孩子无法控制兴奋情绪的时候，父母带其暂时离开是最直接有效的方法。

2. 带头向周围人群道歉，让孩子明白这不是在家里

如果孩子在密闭环境（如飞机、火车、高铁等）中大喊大叫，父母又不能将他马上带离，那么，父母可以向周围的乘客道歉。

例如，孩子在飞机上大喊大叫，严重影响其他乘客休息，这时父母可以对周边的乘客说："对不起，孩子吵到你们了。"然后，父母再回过头来对孩子说："现在不是在家里，你不要那么吵，不如我们一起来玩一个安静的游戏吧，找迷宫怎么样？"

3. 给孩子讲道理，让孩子遵守社会公德

孩子在公共场所大喊大叫，违背了社会公德，父母就有义务教育孩子，让孩子遵守社会公德，包括文明礼貌、助人

为乐、爱护公物、保护环境、遵纪守法等。

4. 耐心冷静，不要觉得丢人就当众打骂孩子

当孩子在公共场所大喊大叫时，父母要耐心冷静，不要觉得丢人就当众打骂孩子，否则孩子会更加任性妄为。父母可以在现场给孩子找到一个好榜样，让孩子直接学着做就可以了。

例如，孩子在公共汽车上大喊大叫，父母不要通过打骂来制止他，完全可以对他说："你看坐在前面的那个小女孩多安静呀，多么懂得遵守公共秩序呀，大家都很喜欢她。"

调整孩子的作息规律，让他不再昼夜颠倒

夜深了，可6岁的燕燕还根本不想睡觉。

"现在太晚了，该睡觉了！"妈妈提醒道。

"既然出来旅游，就要好好玩，现在我不想睡觉，就想看电视！"燕燕拿着电视遥控器不放，把动画片的音量调得很大。

"现在太晚了，你看电视会影响隔壁旅客的休息。"爸爸边说边把电视遥控器收走，还把电源线给拔了。

燕燕嘟着嘴，小声嘀咕："不让看电视，那我就自己玩洋娃娃吧。"于是，她把行李箱里的洋娃娃都摆在地上，玩起了过家家的游戏，跟洋娃娃聊天，还拉着它们跳舞。

爸爸生气地说："你这孩子，爸爸不是说了，不能影响隔壁旅客的休息吗？不准跳了！快点上床睡觉！"

燕燕见爸爸发火了，就去缠着妈妈："妈妈，妈妈，您给我讲个故事嘛，我还不想睡觉……"

"宝贝，故事没有儿歌好听。"妈妈提议，"妈妈不讲故事，给你唱你最喜欢的摇篮曲，好不好？"

燕燕拍着手说："好！"

随后，妈妈一边轻拍着燕燕的后背，一边唱起了摇篮曲："小宝贝，快快睡，梦中会有我相随，陪你笑，陪你累，有我相依偎……"

妈妈唱完几遍摇篮曲，燕燕就闭上眼睛，美美地睡着了……

在以上故事中，燕燕因为白天玩得太高兴，导致兴奋的情绪一直持续到晚上还没有消退，所以晚上不光自己不好好睡觉，还看电视、唱歌、跳舞，影响了其他人的休息。

孩子情绪太兴奋，玩得根本停不下来，影响了自己的作息，甚至干扰了别人休息，面对这种情况，父母应该怎么做呢？下面的建议可供大家参考：

1. 给孩子安排规律的作息时间

孩子缺乏时间概念，所以父母应该加以引导，合理安排孩子的日常作息时间，保证孩子有充足的活动时间和休息时间。定时活动，定时休息，能够让孩子形成规律的生物钟，从而维持比较稳定、适度的情绪和精力。

2. 给孩子安排动静结合的活动

爱玩是孩子的天性，他们年龄尚小，对自己的活动和行为没有约束力。所以父母不能由着孩子的性子，专门带他们参与一些运动强度大的、刺激的活动，而应当巧妙安排，让活动丰富多彩，动静结合，这样孩子的情绪状态才会有张有弛，不会一直兴奋不停。

CHAPTER 3

第3章

孩子易怒、烦躁，父母
要学会"以柔克刚"

孩子的情绪控制力差，常常遇到一点小事，稍有不如意，就产生烦躁、生气等情绪，做出跟父母要赖、攻击同伴等发脾气的行为，让父母头疼不已。但是针对这种情况，父母一定不能简单粗暴地对待，而应讲求方法，来疏导孩子的负面情绪。

面对"小赖皮"，不能一哭闹就满足孩子

超市里灯火通明，各种商品琳琅满目。这时，9岁的秀云推着购物车和爸爸妈妈来到超市采购。

"明天没有菜了，我要买一些排骨、鸡翅、鱼，还有蔬菜和水果……"妈妈拿出塑料袋装肉和菜。

"油和米也没有了，我去扛过来。"爸爸边说，边往米和油的货架方向走过去。

很快，购物车差不多满了，这时妈妈问秀云："你要买什么呀？"

"我要买零食。"秀云边说边捡货，她拿了一包饼干、一箱牛奶、一盒蛋黄派、一袋牛肉干，还有几瓶饮料。

"天呀，不用买这么多零食。"妈妈提出异议。

"长期吃零食也不利于身体健康。"爸爸分析。

"不，我就要买！"秀云张开手臂按到购物车上，生怕爸爸妈妈把她的零食拿出来。

"还是拿出来一点吧，我的钱包里没有这么多钱。"爸爸严肃地说，并打开钱包，向大家展示里面只有100多元。

"钱包里没有钱可以刷卡呀，也可以用手机支付呀！"秀云还是坚持要买。

"这样吧，我们先去买单，如果钱够的话就买，如果钱不够就不买这些零食了。"爸爸退让一步。

就这样，一家三口推着购物车来到收银台，这时秀云耍起了小聪明，她先挑出自己的零食，将爸爸妈妈买的食材放在零食后面。

这时，爸爸不高兴了："这样买是不行的，我们应该先买生活必需品。而零食可有可无，这次我们就不买零食了。"

秀云听到爸爸这样说，脸"唰"的一下就变红了，用手捂着眼睛，躺到地上哭闹起来，她一边哭一边喊："我就要买！就要买！爸爸给我买！"

爸爸一把将她抱起来，带到超市外面，秀云看到路边的风景，慢慢不哭了。回家以后，秀云的心情慢慢好起来，爸爸才针对超市的事情跟她讲道理，她有点不好意思地承认了自己的错误。

故事中的秀云在超市里选了很多零食，由于带的钱不够，爸爸只好把她的零食全退了，于是她就开始闹情绪、耍赖皮。

孩子乱要东西，得不到满足就闹情绪，用哭闹来耍赖，父母该怎么办呢？下面提出几点建议以供参考：

1. 让孩子学会通过劳动来赚取零花钱

有些孩子只懂得要钱，不懂得赚钱。这时，父母可以引导孩子，通过劳动，如做家务，做爸爸妈妈的小助手，来赚取每周的零花钱。这样，孩子就会更有积极性，也更知道赚钱不易，以后他花起钱来就懂得节省了。

例如，当孩子伸手向父母要钱时，父母可以跟孩子商量说："你每周负责扫地、拖地板，就有10元零花钱，以后你就不用向我们要钱了，那是你劳动应得的报酬。"

2. 父母要做好榜样，不能带着孩子做"剁手族"

平时父母要做好勤俭节约的好榜样，不能带着孩子做"剁手族"，一看到网上降价促销的商品就要买。

例如，网上孩子的衣服又降价促销了，父母在买之前要问自己："孩子没有衣服穿了吗？网上的衣服是孩子真的需要的吗？家里的衣柜还能塞得下吗？"通过一系列的反问和思考，父母最后就会放弃网购的念头。

3. 不要让孩子觉得，什么东西都可以用哭闹来得到

孩子无理取闹，父母不要过度关注，先让他发泄完毕。如果孩子一哭闹，父母马上满足孩子的所有要求，就会让孩子觉得，什么东西都可以用哭闹来获得。

引导攻击性强的孩子用语言表达自己的情绪

客厅里，杨洋和好朋友张婷正在开心地玩积木。这些积木是杨洋的生日礼物，他特意邀请好朋友张婷来一起玩。

由于张婷分到的积木比较少，她就伸手过来抢杨洋的积木。张婷说："快多给我一些积木。"

"不行，我的积木也不多。"杨洋把张婷推开。

"我只要两块积木就能拼好小车了。"张婷伸手过来把两块积木抽走，结果杨洋用积木拼好的房子就像脱线的珍珠一样，哗啦啦地散落一地。

"你弄坏我的房子，我跟你没完。"杨洋说完，就开始与张婷打起架来。

杨洋扯住张婷的头发，而张婷使劲抓杨洋的脸。

杨洋妈妈听到声音，赶紧从厨房跑过来，把两个人拉开。

杨洋妈妈也没有立刻批评他们，而是说："我知道你们俩是好朋友，打架肯定是有原因的，肯定有人做得不好，有人受委屈了。谁来告诉我，刚才发生了什么，你们为什么要打架？"

"我先说！""我先说！"

两个人"踊跃发言"，把事情的来龙去脉说了一遍。杨洋妈妈听完，引导孩子们各自清楚地表达了自己的情绪。

说完以后，两个人竟然都觉得怒气消了大半，还觉得有点不好意思。

"对不起，我刚才不是故意的！""我把积木分你一半……"

很快，两个好朋友又和好如初，高兴地在一起玩耍。

在以上故事中，杨洋邀请好朋友张婷过来跟自己一起玩积木，可是分积木时，杨洋自己分得多，张婷分得少。当张婷过来抢积木时，杨洋就跟张婷打了起来。后来，杨洋妈妈引导两个人停止攻击行为，用语言表达出自己的情绪，表达完毕以后，两个人都更能体会对方的情绪，同时反思自己的行为。

孩子攻击性强，一生气就打人、咬人，父母应该怎么做？下面给大家提供几种方法：

1. "君子动口不动手"，让孩子用语言表达自己的意愿

如果孩子动不动就打人、咬人，父母要引导孩子多用语言来表达自己的要求和意愿，正所谓"君子动口不动手"。

2. 让孩子明白暴力不是"勇敢"，而是故意伤害

有些孩子认为打架、咬人是一种"勇敢"的表现，其实，那是故意伤害他人的行为。所以，父母平常要教育孩子："善待自己，善待别人，不要四处树敌、天天争斗。"

3. 告诉孩子什么才是友好的行为

有时候，孩子打人、咬人并非出于故意，而是出于保护

自己的本能。事后，孩子感到很后悔，也很害怕与被打、被咬的人接触，这时父母要引导孩子通过主动承认错误、向别人道歉、自我批评等友好行为，去化解孩子之间的矛盾。

4. 让孩子学会一些与人相处的原则

平常，父母要教会孩子一些与人相处的原则，如平等的原则、相容的原则、互利的原则、互信的原则、宽容的原则等。孩子用东西砸人，"斤斤计较，以牙还牙"，就违反了相容的原则。

强调任务的意义感，来赶走孩子做事的烦躁

北风吹，雪花飘，冬天的第一场雪下得绵延不绝。

9岁的林林正在家里裹着大衣看电视，妈妈说："林林，你长大了，可以帮妈妈分担一点家务了。妈妈现在要洗衣服，你去把厨房的碗洗了吧。"

"知道了，但是我正在看电视呢，我不想这么快去洗。"林林回答。

"你看电视很久了，不如先暂停下，等洗完碗再回来看。"妈妈催促道。

"好吧。"林林说完，就不情不愿地来到厨房。

他拧开水龙头，手刚碰到水就立刻缩回来，喊道："冻死了！"他看着一堆沾满油污的碗，心里就觉得很烦，嘴里不停地嘟囔："烦死了，什么时候能洗完啊……"

过了一会儿，林林跑出来说："这些碗太脏了，我洗不干净。"

"没事，多洗几次，就能洗干净了。"妈妈说。

"不行，我不能洗了，现在太冷了，我的手都要冻伤了。"林林又想出一个逃避做家务的理由。

"你戴上塑胶手套就不会接触到冷水了。"妈妈把塑胶手套拿过来。

"行了，好了，洗完了，我要去看电视了。"林林随便洗了两下，就跑回去看电视了，他洗过的碗上面竟然还有残留的泡沫。

"真是的，让你做点家务就烦得要命，其实你静下心来做，这些事很简单。"妈妈把林林带到厨房，教他，"你看好了，妈妈是怎么洗碗的：先用自来水冲走上面的残渣和油污，然后洒一点洗洁精，用抹布来回洗两遍，最后再冲两遍清水，搞定！"

林林纳闷地问妈妈："妈妈，您每天做这么多家务事，不会觉得烦吗？"

妈妈笑着说："不会呀，妈妈只要想着，能让全家人拥有干净整洁的居住环境，让爸爸穿得时髦帅气，让宝贝吃上可口的饭菜，做家务的时候就不会觉得烦了。"

林林抱住妈妈说："嗯，那我以后想着能为妈妈减轻负担，也不会觉得烦了！"

在以上故事中，林林在洗碗的时候，产生了烦躁的情绪，一会儿说脏，一会儿说冷。孩子做什么都觉得很烦，这样是做不好任何事情的。

遇到这种情况，父母该怎么引导孩子消除烦躁的情绪呢？下面有几点建议值得参考：

1. 让孩子放平心态，有些事情烦也要做，不烦也要做

有些事情是孩子每天都要做的，烦也要做，不烦也要做，所以，父母要引导孩子放平心态，平心静气地做好每件事情。

2. 引导孩子多想做事的意义

如果心中没有意义感，孩子就很难从当前枯燥无聊的任务中获取乐趣，也难以产生做事的动力。所以，家长可以引导孩子转移注意力，多想想任务的意义，以及完成任务将带来的喜悦，以此来驱散烦躁情绪。

面对"三分钟热度",让孩子自己承担放弃任务的后果

妈妈起床后,就马上叫王飞起床:"你不是要自己刷牙吗?快起床!"

"好啊!"王飞一跃而起,很高兴地来到洗漱间。

"怎么刷呀?"王飞看着妈妈问。

"看见没有,跟着妈妈学。左刷刷,右刷刷,上刷刷,下刷刷……"妈妈把牙刷放到嘴里,给王飞做示范。

"就这么简单?"王飞学着妈妈的样子,先漱口,然后用自己的牙刷沾点牙膏,放到嘴里刷起来。

"啊……"很快王飞就感到喉咙发痒，想呕吐。

"唉，刷牙会呕吐，学刷牙好烦啊，我不学了。"王飞将嘴里的泡沫吐出来，说道。

"可能泡沫刺激了喉咙，你用清水漱漱口就可以了。你做什么事情都不能'三分钟热度'，要坚持每天刷牙，才能保护好你的牙齿。"妈妈教育了王飞一番。

"那好吧。"王飞说完，就接着刷牙。

过了一会儿，王飞突然"啊"的一声大叫起来，原来他用力过猛，牙刷在嘴里打滑，把牙龈撞出血了。

"我不学了，刷牙会流血！"王飞生气地说，一下把牙刷扔到地上。

妈妈捡起牙刷，也不生气，对王飞说："刷牙是你自己的事情，妈妈也不强迫你，下午带你去检查一下，听听医生的话，你再决定要不要刷牙。"

下午，妈妈带王飞去看了牙医，医生检查到他的牙齿里长了个虫洞，医生告诉他："小朋友，你要坚持每天早晚刷牙，好好保护牙齿，不然这个虫洞会越来越大，你的牙齿会痛，你以后就再也不能吃糖了。"

回到家，王飞就乖乖刷了牙，他对妈妈说："妈妈，我要好好刷牙，不然牙齿会痛，而且还不能吃糖呢！"

在以上故事中，王飞学习刷牙，才刷了一会儿，就产生了烦躁情绪，不想刷了，后来听了医生的话，知道了不爱护牙齿的后果，王飞才得以坚持下去。

孩子做事没有耐心，容易烦躁，常常半途而废，家长应该怎么做呢？下面几招可轻松化解：

1. 让孩子自己承担放弃任务的后果

孩子依赖性太强，觉得什么都是父母的事情，所以自身动力不足，容易烦躁、放弃。所以，父母应该让孩子认识到，做任务是他自己的事情，放弃任务的后果也需要他自己来承担。

2. 培养孩子坚强的意志，不要轻言放弃

有些孩子在学习中怕苦怕累，在生活中急躁冒进，三天打鱼两天晒网，没有恒心。这时，父母可以通过体育锻炼和体力劳动等方式来培养孩子坚强的意志，如父母可以带着孩子跑步、参加劳动等。

例如，孩子在做作业时，遇到难题老是中途退缩，退缩之后就不愿意再写了。这时候，父母可以对孩子说："在龟兔赛跑中，兔子为什么会输给乌龟？那是因为兔子半途而废，而乌龟坚持到了最后。你今天的作业写不完，明天又有新的作业，新作业加上旧作业，这样永远写不完。"

3. 通过名人故事，督促孩子改掉浮躁的毛病

平时，父母可以讲一些名人克服浮躁的故事，来督促孩子改掉浮躁的毛病。如达·芬奇用了三年的时间来画蛋，褪尽浮躁之心，最终提高了自己的观察能力，画什么都得心应手。

CHAPTER 4

第4章

少束缚，多包容，化解
孩子的逆反情绪

随着年龄的增长，孩子的自我意识逐渐清晰，同时逆反情绪也在增强。孩子爱说"我不要"，常常跟父母唱反调，这让父母烦恼不已。对此，父母要引导孩子学会换位思考、感恩父母，同时给孩子自由的空间，跟孩子平等共处，少约束，多包容，成为孩子的好朋友，真正消除孩子的逆反和抵触情绪。

教孩子换位思考，体会他人的感受

妈妈帮建华准备好了一个礼物——变形金刚玩具，让他带去参加同学的生日会。

"建华，这个玩具是送给你同学的礼物，你可不要乱动呀！"建华妈妈把礼物放到衣柜上面。

"不行，既然是送别人的礼物，我更要先玩！"6岁的建华搬来凳子，想爬上衣柜拿玩具。

"不能玩，把玩具弄坏了，就不好送人了。"妈妈跟他讲道理。

"哼——"建华鼓着腮帮说，"妈妈不爱我了，不给我玩玩具。"

"你可以玩别的玩具，总之，这个变形金刚就是不能玩。"妈妈撂下一句话，就去做家务了。

任性的建华根本不听妈妈的话，妈妈让他向东，他偏要向西。妈妈说不让他碰这个玩具，建华偏要去碰。建华搬来凳子，爬上衣柜，伸手拿到了玩具。

建华把包装纸盒撕开，然后把玩具拿出来，又拉又扯，想让变形金刚变成大卡车，可是他折腾了半天，还是无法成功。

"我说不让你玩玩具，你偏要玩，还把包装纸盒撕烂了，叫我怎么送人呀？"妈妈发现建华偷偷玩玩具，就开始批评他。

"如果我不玩玩具，怎么知道玩具是坏的呢……"建华开始为自己的行为找理由。

"我说不能玩就是不能玩，要不然玩坏了还要重新买新的。"妈妈把变形金刚锁到柜子里。

过了一会儿，建华趁妈妈不在，偷偷拿来钥匙，打开柜子，然后拿出变形金刚继续玩。结果，变形金刚的头断了，脚脱了，可建华还是不停手，继续拼命地摔玩具，还要跳上去踩它。

建华自言自语地说："妈妈叫我不要玩你，我偏要玩；妈妈叫我不要弄坏你，我偏要弄坏你。看你能把我怎么样！"

可怜的玩具经受不了这样的折腾，很快就解体了，各种小零件散了一地。

"天呀，你这孩子怎么这么不听话！以前那个可爱乖巧的建华哪里去了？"妈妈特别生气，把建华狠狠地批评了一顿。

建华也气鼓鼓地说："哼，妈妈真小气，不就是一个玩具吗？"然后把自己关到房间里不出来。

妈妈看建华完全没有意识到自己的错误，忍不住反思了自己的教育方式。于是，她走到建华的房间里，轻轻地坐到他身边，温柔地说："宝贝，刚才妈妈的话有点重了。妈妈生气是因为妈妈爱你，也尊重你的朋友，所以花了一天的时间，精心帮他挑选了这个礼物，但是你却完全不珍惜妈妈的心意，把礼物弄坏了。换个角度想，如果你用自己的零花钱帮妈妈买了一个礼物，妈妈却一点也不在乎你的心意，随意把它弄坏了，你会生气吗？"

听了妈妈的话，建华羞愧地低下了头，对妈妈说："对不起，妈妈，我知道错了。我也送你一个礼物，好吗？"

妈妈微笑着把建华抱到怀里，说："好啊，你给妈妈画一张卡片吧！"

上面的故事中，妈妈反复提醒建华不要弄坏玩具，却引发了建华的逆反情绪，他偏要对着干，把玩具彻底弄坏。孩子任性、逆反，别人越说，他们越想对着干，执拗使性，无所顾忌。

那么，遇到这种情况，父母应该怎么应对？下面有几点建议值得一试：

1. 与孩子进行角色交换，让孩子体验做父母的难处

当孩子出现逆反情绪时，父母可以跟孩子商量，进行角

色互换游戏，让孩子扮父母，父母扮孩子，让孩子体会到父母的感受。

2. 尊重孩子的意见，但要委婉地纠正孩子的错误

有时候，父母没有听取孩子的意见，所以孩子才会出现逆反情绪。在关于孩子的事情上，父母要多征求孩子的意见，尊重孩子的意见并做出适当的调整。当孩子犯错时，父母要委婉地纠正，不能使用打骂等暴力方式解决。

3. 父母要改变说话的方式，化命令为商量

平常父母与孩子交流的时候，不能处处显示出高高在上的"权威"，而要尽量少用命令的语气，多用商量的口吻，把命令孩子做的事情转化为好玩的游戏，吸引孩子共同参与。

例如，父母想让孩子去给花儿浇水，孩子不愿去。这时，父母可以对他说："我们口渴了要喝水，花儿也会口渴，不如我们一起玩浇水的游戏吧，看谁浇花浇得又快又均匀。"

孩子渴望自由，全因父母过度保护

夏日炎炎，公园里，游客们有的扇扇子，有的吃雪糕，有的在露天泳池里游泳。

"爸爸，我要去游泳。"8岁的华敏是小学三年级的学生，她上个月才刚学会游泳。

"行啊，爸爸妈妈陪你一起去。"爸爸爽快地答应。

"不用了，爸爸，我要和同学一起去。"

"宝贝，和同学在一起游泳，谁来保护你啊？"妈妈担心地说。

"不用保护，我们就在浅水区游，很多人一起呢！再说，妈妈，我已经学会游泳了！"

爸爸一边起身帮她拿泳圈和泳镜，一边说："傻瓜，你游泳还是爸爸教的呢，爸爸陪着你，你多放心呀。"

同学们已经在那边喊她了，华敏有点着急地说："不要你们跟我去，同学都喊我了，你们陪着，他们会笑话我的！"

妈妈说："笑什么呀，你哪个同学我们不认识？"

华敏生气地说："你们真的好烦啊！你们要陪，我就不游了！"

在这个故事中，华敏想和同学一起去游泳，可是爸爸妈妈坚持要陪，这种过度保护的举动引起了孩子的逆反情绪。

所以，父母在保护孩子的时候一定要把握尺度，别让爱变成束缚，让孩子产生逆反情绪。具体来说，父母可以怎么做呢？以下的建议可供参考：

1. 给孩子留下自己探索的空间

随着年龄和阅历的增长，孩子的自我意识也在不断增强，他们会有自己的爱好、朋友，也会有独立于父母的想法，如果一直被父母视作小孩子对待，难免会产生抵触情绪，渴望自己的空间。父母应该给予孩子一定的自由，适当放手，孩子才能成长得更快。

2. 教给孩子安全防护措施

家长不可能做到对孩子寸步不离，与其处处盯着孩子的安全，不如教给他必要的安全防护措施。家长要相信孩子，并把这种信任感传达给孩子，这会让孩子更有自信和勇气。

放弃控制，给孩子选择的权利

　　周末，爸爸妈妈说要带苗苗去挑选一条新裙子，苗苗高兴极了。

　　来到商场，苗苗一下摸摸这条裙子，一下摸摸那条裙子，爸爸妈妈让她试穿一下，她也像个小模特一样，特别有耐心地轮流试穿。

　　售货员问她："小姑娘，你穿这几条裙子都很好看，你喜欢哪一条呀？"

　　苗苗扬起脸，说："我喜欢那条蓝色的！"

　　妈妈皱皱眉："蓝色有什么好看的，小姑娘就要穿红色的、白色的，来，你看看这条……"

苗苗把蓝色裙子抓到手里，说："我就喜欢这条。"

爸爸说："这条不好看，你看刚才那条红色的多漂亮。"

苗苗直摇头，说："我不要！"

妈妈也不理她，让售货员把红色裙子包起来。妈妈把包好的裙子递到苗苗手里，谁知她一下推开妈妈的手说："我不要这条，妈妈买了我也不穿！"

上面故事中的苗苗只不过是想选一条自己喜欢的裙子，却受到了爸爸妈妈的反对，这种控制的行为，引发了她的逆反情绪。

父母应该放弃控制，给孩子选择的权利，具体来说，父母可以怎么做呢？以下的建议可供大家参考：

1. 平等交流，让孩子参与重大事情的决策

有些孩子对于父母的安排不满意，所以引发亲子关系紧张。这时，父母可以通过平等交流，让孩子参与关于自己的

重大事情的决策。

例如，五年级的孩子要选修舞蹈课程，可是父母认为会影响期末考试。这时，父母可以与孩子进行商量，权衡利弊："如果你觉得学习很轻松，就可以选修，你自己决定吧。"

2．多用陈述句，少用反问句、祈使句

在日常的交流过程中，父母要带头多用陈述句，少用反问句、祈使句。因为陈述句只陈述事实，没有附带父母的感情色彩，孩子乐于接受；而反问句语气强烈，祈使句带有命令色彩，往往会让孩子难以接受。

3．父母要防止两个极端，一是纵容，二是压制

在家庭教育中，父母要防止两个极端，一是纵容孩子，二是压制孩子。父母纵容孩子，孩子犯错了，他就会回来怪父母说"爸爸妈妈没有教"；父母压制孩子，孩子的各项能力发展不足，等到他失败了，他也会抱怨父母"管得太严"。

尊重孩子，跟他做真正的朋友

小雅从上三年级开始，变成了一个小小书迷，每天放学回家，在书房里一待就是一个小时。妈妈很高兴，连夸"女儿懂事了，爱学习了"。

这天，小雅发现自己正在看的一本小说找不到了，就问妈妈。妈妈随口说："我帮你收起来了。那种书看了有什么用，对学习又没有什么帮助。"小雅生气地说："您怎么能不说一声就随便动我的东西呢？这是我的隐私！"妈妈也不高兴了："你说得真有意思，你的隐私？从小到大都是妈妈给你收拾房间，你的哪一样东西不是妈妈花钱给你买的？"

从此以后，小雅再也不喜欢看书了，而且以前她很喜欢跟妈妈聊天，但是从这件事发生之后，即使妈妈问起学校的事情，她也只是敷衍地回答，更不愿意跟妈妈说自己的心事了。

随着年龄的增长，孩子的自我意识在增强，也开始有了强烈的自尊心和隐私意识。一旦感到父母不尊重自己，孩子就很容易产生逆反情绪，在心理上与父母拉开距离。

因此，父母一定要尊重孩子，才能跟孩子没有隔阂。具体来说，父母应该怎么做呢？以下的建议可供参考：

1. 用平等的态度对待孩子

父母与孩子说话时，要真诚地注视对方，专心聆听，不要随便打断，不能心不在焉。

孩子提出需求的时候，父母不论多忙都不要敷衍孩子，更不要欺骗孩子。大人讨论事情，如果孩子想参与，即使家长觉得不方便，也不要粗暴地驳回，要温和地解释。

2. 尊重孩子的隐私

父母不要偷看孩子的日记，随意处置孩子的物品，大人觉得这些不重要，觉得孩子没有什么秘密，但这对孩子来说都是很重要的东西。

3. 尊重孩子的名誉

父母切忌当众批评孩子，这会让孩子觉得尴尬、难过，名誉受损。即使是单独批评教育，也要先问清事实，不可不分青红皂白地斥责、数落孩子。

CHAPTER 5

第5章

孩子有"分离焦虑"？是
父母没给足安全感

孩子黏人，跟父母分开就哭闹不止，这是因为分离带来的焦虑情绪。再伟大的爱也终究要面临分离，随着孩子渐渐长大，父母需要引导孩子学会独立。引导的过程中很重要的一点是，给足孩子安全感。

给黏人的"小尾巴"找个同龄伙伴

清晨,天边露出了鱼肚白。妈妈开始蹑手蹑脚地起床,因为她生怕吵醒了凯莉。凯莉是个3岁的小女孩,平常最喜欢缠着妈妈,妈妈去哪里都要跟着,生怕妈妈会突然飞走。

"咯吱",妈妈小心地开了门,可是这么小的声音还是吵醒了凯莉。

凯莉一看床上的妈妈不见了,马上翻身起床,哭起来:"哇——我要妈妈……"

"唉……真是个'黏人鬼'。"妈妈只好背着凯莉去菜市场买菜。

买菜回来之后,妈妈一手抱着凯莉,一手煮饭,非常不方便。妈妈说:"宝贝,你坐到婴儿车上,等妈妈煮完饭菜再说。"

"不要，不要……"凯莉推翻婴儿车，表示反对。

"哎呀，不要老缠着我，你找爸爸吧。"妈妈把凯莉推向爸爸。

"不要，不要……我不要爸爸……"凯莉使劲挣脱，跑回来抱住妈妈的大腿不放。

"真是的，你抱着我的腿，我怎么走路呢？"妈妈想拉开凯莉，她却抱得更紧。

过了一会儿，妈妈要上洗手间了，凯莉也要跟着去。当妈妈关上洗手间的门时，她就大哭起来："哇——"

"我真是受够了，孩子整天缠着我，什么事都做不了。"妈妈抱怨起来。

"不如，我们给孩子找个玩伴，你姐的孩子慧慧也没有人带，不如叫她过来陪凯莉玩吧。"爸爸想到一个办法。

"那就试试看吧。"妈妈同意了。

第二天，凯莉有了一个新朋友慧慧。慧慧是4岁的女孩子，她最喜欢玩"仙女变身"的游戏。

凯莉看到慧慧挥舞着变身魔法棒，一会儿唱歌，一会儿跳舞，觉得很新鲜。慢慢地，她们两个开始一起玩了，慧慧带着凯莉一会儿演仙女，一会儿演怪物，开心极了。

后来妈妈去买菜做饭、上洗手间，凯莉也不缠着她了。

"看来，这是一个好办法，以后我们要多邀请一些小朋友来跟凯莉玩，在她的世界里，不能只有妈妈，还要有很多像慧慧一样的玩伴。"爸爸看着两个孩子成了"死党"，感到很高兴。

在以上故事中，凯莉原本很黏人，而且只缠着妈妈一人，对婴儿车和爸爸都不感兴趣。这让妈妈做家务时感到非常不方便，后来，爸爸给凯莉找了一个新朋友慧慧，才让妈妈解脱出来。

孩子黏人，父母该怎么办呢？下面给大家介绍几种应对方法：

1. 找一个好玩伴，以分散孩子的注意力

孩子黏人，只要与父母分离就会哭喊、闹情绪，这时父母可以给孩子找一个好玩伴，以分散孩子的注意力。所谓的好玩伴，就是要比自己孩子年长一些，懂得的东西多一些，可以带动孩子玩游戏、做运动的小朋友。孩子有了自己的好玩伴，就会渐渐地不黏人了。

例如，两三岁的孩子总是缠着妈妈，妈妈去工作也要跟着，妈妈睡觉也要抱着。这时，妈妈可以把孩子送到托儿所或早教机构里去，给孩子找玩伴，让孩子将注意力投入到他感兴趣的地方，慢慢地他就不会总是缠着妈妈了。

2. 父母要学会放手，不让孩子养成依赖的习惯

孩子黏人，尤其喜欢缠着妈妈，这是因为妈妈长期哺育孩子、搂抱孩了，和孩子之间已形成了稳固的亲子关系。如果妈妈突然离开，孩子肯定会受不了。但是，妈妈要学会慢

慢放手，带孩子多接触人，多参加社交活动，不能让孩子养成依赖一个人的习惯。

例如，孩子缠着妈妈，谁带都不要。可是，妈妈又要上班。这时，妈妈可以将孩子送到早教机构托管，那里有很多老师和小朋友会跟孩子一起玩，孩子经过一段时间的分离训练就会适应了。

3. 分离前，父母与孩子通过沟通，形成口头协定

父母与孩子分离前，要与孩子进行友好沟通，通过"口头协定"，商量好父母做什么，孩子做什么，什么时候大家再回来一起玩。通过友好的沟通，孩子会意识到分离只是暂时的，父母并不是不要他、抛弃他。

例如，孩子一看见妈妈离开，马上紧张起来，甚至堵在门口不让妈妈出去。这时，妈妈可以对孩子说："妈妈出去给你买好吃的东西回来，你在家里跟爷爷奶奶边玩边等，妈妈很快就回来。"

带孩子参观工作环境，告诉他，爸爸是真的很忙，不是不要他

工厂里，机器轰鸣，生产线上很多工人正在电焊、装配、打磨五金模具……

过了一会儿，爸爸对徐伟说："你看见了没有，爸爸和这些工人一样，每天工作都很紧张，一刻不得闲，这些五金模具像流水一样冲过来，我要迅速把它们打磨好。如果你天天抱着我的大腿不放，我怎么工作呀，怎么操作机器呀？"

"爸爸，对不起。"徐伟说完低下了自己的头。

原来，这天早上，天气十分寒冷，爸爸披上工服就要去工厂上班。这时，儿子徐伟却突然冲过来抱着爸爸的大腿不放。

"爸爸，你不要我了吗？"徐伟突然哭起来，"呜……"

"别瞎说，爸爸怎么不要你了？"爸爸想解开徐伟的手却解不开。

"可是，你昨天晚上跟妈妈吵架了，我听见你说不想要这个家了。"徐伟说出了自己的担心。

"那是爸爸一时的气话，你不要当真啊。"爸爸这才想起 昨晚自己跟妈妈吵架，身边了儿句狠话。

"我不要爸爸走，爸爸走了就不回来了。"徐伟还是抱着爸爸的大腿不放。

"孩子妈，你在忙什么呀，快点出来管管孩子。"爸爸叫来妈妈。

"别拦着你爸爸上班，妈妈给你做你最喜欢吃的馄饨。"妈妈想把徐伟拉回来，可是徐伟还是死死抱住爸爸的大腿不放。

"这孩子，爸爸真的要去上班，不是离家出走，不信你跟我走一趟，你就明白了。"爸爸最后想到了一个好法子。

就这样，出现了开头的一幕，父子二人共同参观五金工厂生产线。

那天，爸爸让徐伟参观自己工作的地方，体验一下高强度的工作，还让徐伟品尝了一下简单朴素的工作餐。最后，徐伟知道爸爸工作真的很辛苦，就不好意思再给爸爸添乱了，以后也不拦着爸爸了。

在以上故事中，徐伟抱住爸爸的大腿不放，不想让爸爸出门，他以为爸爸要离家出走，不要他了。后来，爸爸带他去参观自己工作的地方，终于抚平了他的情绪，改变了他的看法。

孩子黏人，主要是因为没有安全感，因此，父母要给孩子营造一个安全的生活环境，这样，当父母离开时，孩子就不会感到那么恐惧。

孩子没有安全感，父母该怎么办呢？可以从以下几个方面入手：

1. 与孩子进行肢体接触，让孩子感到有所依靠

平时，父母可以多陪伴孩子，多和孩子有一些身体的接触，比如拥抱、亲吻、手拉手等。孩子保持与父母的身体接触，就会有足够的安全感。

例如，孩子遇到陌生人，马上躲到父母的背后。这时，父母可以抱起孩子，拉着孩子的手跟陌生人大方地打招呼，这样孩子内心就不会那么恐慌，他的安全感也会得到增强。

2. 不要吓唬孩子，要与孩子真诚地交流

有的父母为了让孩子顺从自己，会经常吓唬孩子，例如常说"大灰狼来了""妈妈不要你了""爸爸不喜欢你了"之类的话。这些话长年累月传到孩子的耳朵里，孩子就会感到越来越害怕，根本没有安全感可言！

父母应与孩子真诚地交流，让孩子从内心接受自己的

建议。

3. 让孩子感受到父母的爱，不要让孩子有被抛弃的感觉

很多孩子黏人、没有安全感，那是因为没有感受到父母的爱。平时，父母可以通过微笑、赞扬、抚摸、亲吻、奖励等方式向孩子表达自己的爱。当父母与孩子分离时，还可以通过视频聊天、打电话等方式表达父母的爱，这样，孩子就不会有被父母抛弃的感觉。

与孩子分床睡，记得要循序渐进

从这个春天开始，爸爸妈妈要与小雪分床睡了。小雪今年3岁了，正在上幼儿园小班。

为了分床睡，今天上午，爸爸妈妈特意把一个空房间腾了出来，并搬进了一张粉色的小床，还在墙上贴了各种各样的卡通形象贴纸，把房间布置得像童话世界一般。

到了晚上，小雪洗完澡之后，妈妈把她带到她的卧室，对她说："从今天起，你就要一个人睡了。"

"不要，我不要一个人睡，我要跟爸爸妈妈一起睡。"小雪突然哭起来。

"今天不是说好了吗？我们帮你布置你的房间，你就要自己睡了。你看，你的房间多漂亮啊，你知道吗，有很多孩子还没有自己独立的卧室呢！"爸爸过来安慰。

"是呀，你现在长大了，可以自己一个人睡了，你放心，我们会时刻保护你的，只要你有一点动静，我们就会马上赶过来。"妈妈也游说起来。

"快点盖上被子，要讲今天的晚安故事了，就讲《勇敢的小青蛙》吧。"爸爸翻开绘本开始讲故事了，"很久很久以前，在池塘里生活着一只小青蛙，他的妈妈走了之后，他就独自捉虫子，独自做窝……"

爸爸讲着讲着，小雪就迷迷糊糊地睡着了。这时，爸爸妈妈开始偷偷溜回自己的房间，没想到绘本"啪"的一声掉落到地上。

小雪被吓醒了过来，她看到爸爸妈妈已经离开，还关了灯，关了门，马上号啕大哭起来，她的眼泪就像泉水一样涌出来。

"爸爸妈妈不要走！不要关灯，也不要关门！"小雪哭着喊。

爸爸妈妈赶紧回到房间陪着小雪。

妈妈安慰："好了，妈妈给你开门、开灯。"

爸爸又拿来绘本说："刚才我们讲到哪里？哦，对了，刚才讲了《勇敢的小青蛙》。接下来，我们要讲《独立的小白兔》……"

就这样，爸爸妈妈轮流讲故事，等到小雪完全睡着了，他们才悄悄地出去。

在以上故事中，为了让小雪分床睡，父母给她布置了一个漂亮的卧室，还给她讲晚安故事。结果，她还是不愿分床睡，最后为了安抚她的情绪，父母允许她开灯、开门睡觉。

孩子分床睡是成长和走向独立的标志，如果孩子不愿分床睡，父母该怎么办呢？下面有几点建议：

1. 给孩子一个独立的房间，让孩子参与布置

当孩子要上幼儿园的时候，很多父母都面临和孩子分床睡的问题，有些孩子十分害怕与父母分床睡。这时，父母可以给孩子腾出一个独立的房间，让孩子参与布置，这样孩子能更加熟悉自己的卧室，也更加喜欢待在里面。

2. 分离空间要循序渐进，从分床到分房，从开门到关门

让孩子单独睡需要一个循序渐进的过程。一般先分床睡，让孩子与父母在同一个房间的不同的床上睡；接着分房睡，父母与孩子在不同的房间睡。另外，孩子的卧室可以从开灯、开门，渐渐过渡到关灯、关门。

与孩子进行"分离训练"，给他一个情绪缓冲期

家里十分安静，爸爸妈妈不知道躲到哪里去了。陈晨环顾四周，有些害怕，又有些不服输。

原来，3岁的陈晨正在和爸爸妈妈玩捉迷藏游戏。因为，陈晨准备要上幼儿园了，父母正在对他进行"分离训练"。

陈晨在房间里走来走去、东看西看，还是没有找到爸爸妈妈的踪影，开始有点想哭了。

这时，躲在床下的爸爸忍不住发出一个声音："我在这里。"

陈晨"噔噔"地跑到床底下，把爸爸找出来。

"哈哈，爸爸，我找到你了。"陈晨开心地笑了。

"宝贝太厉害了，你快去找妈妈吧。"爸爸爬出了床底。

"妈妈一定在阁楼上面，因为一楼我早就检查过了，也闻过了，没有妈妈身上的香水味。"陈晨用鼻子使劲嗅起来。

"那你就去阁楼找吧。"爸爸故意把音量放大，好让妈妈听见，让她藏得更好一些。

陈晨又"噔噔"地爬上楼梯，检查衣柜和窗帘，也没有看到妈妈的身影。原来，妈妈早就溜出了阳台。

30分钟过去了，陈晨还是没有找到妈妈，开始哭起来："妈妈，你在哪里？"

这时，妈妈才从阳台走进阁楼，对陈晨说："你才跟妈妈分离30分钟，就受不了了，那以后上幼儿园呢，你要跟爸爸妈妈分离一整天呢，你该怎么办？"

"那我就不要上幼儿园了。"陈晨开始闹情绪了。

"好了，我们不提幼儿园了，我们再来玩捉迷藏，这回你躲起来，让爸爸妈妈去找。"爸爸兴奋地说起来。

爸爸妈妈用手捂住眼睛，然后数数："1，2，3，4，5……藏好没有？"

"藏好了，嘻嘻！"陈晨喊了一声。

爸爸妈妈开始找了，其实他们一眼就看到一楼的大门下面露出了陈晨的鞋子。但是，为了和陈晨分离得久一些，他们假装找不到陈晨，还跑到阁楼去找。

15分钟过去了，陈晨看到爸妈实在找不到他，只好自己走出来了："我在这里。"

"哇，原来你躲在这里，让我们找了这么久。"爸爸妈妈笑着说。

在以上故事中，爸爸妈妈与陈晨通过捉迷藏进行分离训练，他们先躲起来，让陈晨一个人找。接着，陈晨躲起来，让爸爸妈妈找，他们却故意拖延，让孩子独处一段时间。

在日常生活中，父母应对孩子进行必要的分离训练，以减少孩子的分离焦虑和黏人现象，让孩子逐渐走向独立自主。英国著名心理学家西尔维亚说："这个世界上所有的爱都以聚合为最终目的，只有一种爱以分离为目的，那就是父母对孩子的爱。"

那么，父母应该怎么与孩子进行分离训练？可遵照以下几点执行：

1. 把握好分离的时间，应在孩子上幼儿园之前

与孩子进行分离训练，最好安排在他上幼儿园之前，在孩子3岁左右。因为3岁左右的孩子基本会说话了，与父母交流已经没有什么障碍，玩起游戏来也得心应手。这时，父母可以通过跟孩子玩捉迷藏、密室逃脱等游戏，循序渐进地对他进行分离训练。

例如，孩子一离开父母就哭，这时，父母可以跟孩子

说："不如我们玩个游戏，妈妈先离开一段时间再回来，接着你来猜妈妈去干吗了。现在开始，妈妈先出去，等下再回来……"

2. 每天进行简单而亲密的分离仪式

孩子和父母一分开就感到焦虑，一个最大原因就是孩子害怕父母再也不回来了，所以父母可以在每天出门前跟孩子进行固定的、简单而亲密的分离仪式。父母每天要在承诺的时间回来，这样孩子就知道，父母只是暂时离开，而不是消失不见。

例如，出门前，父母分别与孩子拥抱或亲吻，然后说："宝贝，爸爸妈妈下午就回来，一定给你带好吃的回来。咱们下午见。"

3. 分离时父母千万不要伤心难过

孩子长大了，有的上托儿所，有的上幼儿园，有的假期回老家，孩子与父母总会遇到各种各样的分离情景。分离时，孩子自然而然产生分离焦虑，会有所哭闹，父母看到孩子哭得撕心裂肺时不必感到内疚和自责。当孩子哭闹，不让父母离开时，父母千万不要和孩子一起哭，不然孩子会更伤心。父母要控制住自己的情绪，要装作很开心的样子送走孩子。

4. 父母一定不要不声不响地偷偷离开

父母偷偷离开，有时候确实可以避免孩子的哭闹，但是孩子玩了一会儿后，突然发现父母不见了，会感到更害怕，哭得更厉害。父母应该平静地与孩子交流，与孩子做个约定，告诉孩子自己什么时候离开，什么时候回来。

CHAPTER 6

第6章

留心观察，倾听孩子
的"忧伤心事"

别看孩子年纪小，就以为他
们什么都不懂，他们也会有
藏在心底的忧伤情绪，这些
情绪积累起来，无处发泄，
就会影响孩子的健康成长。
父母要做教育中的有心人，
留心观察孩子的情绪变化，
及时跟他们沟通，做最好的
倾听者。

多孩家庭，千万别让孩子感到"爱的疏离"

暑假里的一天，7岁的婷婷睡到11点才起床。她饿得肚子咕咕叫，当她跑到厨房找东西吃的时候，却发现什么都没有。

"妈妈，我的早餐呢？"婷婷问妈妈。

"没有了吗？噢，看你没起来，妈妈就没给你留。"妈妈忙着给二胎的弟弟喂奶，并没有留意到婷婷的情绪变化。

婷婷只好回到房间，吃前一天剩下的饼干充饥。

婷婷最近发现一个"秘密"，自从有了弟弟之后，爸爸妈妈再也不像以前那样疼她了。她多么想变成小时候的样子，让妈妈天天抱着呀！可是现在，妈妈却天天抱着弟弟。

婷婷来到阳台，看见奶奶正在做小朋友的衣服，全部都是做给弟弟的，根本没有自己的份儿。

在这个家，似乎没有人关心她了，也没有人喜欢她了，想到这里，婷婷觉得很难过，眼泪止不住地往下掉，正好被爸爸看见了。

爸爸赶紧过来，摸摸婷婷的头问："怎么了？是谁欺负我的宝贝女儿了？"

"我不是你们的宝贝，弟弟才是！你们都不关心我，都不喜欢我，整天只知道围着弟弟转……"婷婷边说边哭，眼睛都哭得通红通红的。

"哦，原来是这样……"爸爸抱着婷婷说，"弟弟还小，连路都不会走，需要我们更多的照顾，但是我们疏忽了对你的关心，让你感到伤心，这是爸爸妈妈做得不好。"

奶奶听到爸爸的话，也抱着一叠新衣服，对婷婷说："不论是弟弟的衣服，还是姐姐的衣服，都做好了。我们是幸福的一家人。"

这时，妈妈抱着弟弟走过来，拉着婷婷的手说："是妈妈最近太忙，忽略了你的感受，妈妈跟你说对不起，好不好？婷婷，你永远是妈妈最爱的大宝贝啊！"

听到这里，婷婷终于破涕为笑，她不好意思地擦掉眼泪，上去亲了亲弟弟的脸。

在以上故事中，家里生了二胎，大家都围着弟弟转，婷婷觉得大家不喜欢她了，也不关心她了，所以感到伤心、委屈。后来，爸爸妈妈知道后，就过来安慰她、关心她，让她感受到了父母的爱，从而消除了忧伤的情绪。

别看孩子年纪小，他也会有忧伤的情绪。那么，父母应该怎样做，才能及时消除孩子的这种情绪呢？以下方法可供参考：

1. 用心去爱孩子，让孩子感觉到父母的爱

有些孩子伤心、难过，是因为觉得父母可能不爱他，要

抛弃他了，所以父母要不断表达自己对孩子的爱。那么，父母如何表达对孩子的爱呢？有动作和语言两种方式。用动作表达爱，可以抱抱、亲吻、抚摸孩子，陪孩子一起玩耍等；用语言表达爱，可以表扬和奖励孩子，给他取个可爱的乳名，大声说"我们爱你"等。

例如，妈妈抱一下别的孩子，孩子马上吃醋、哭闹起来，这时，妈妈可以把孩子重新搂在怀里，说："妈妈抱一下别的孩子并不是表示不爱你了，你永远是妈妈最爱的宝贝。"妈妈说完，还可以在孩子的额头上轻吻几下，让孩子真正感受到妈妈的爱。

2. 与孩子深入交流，做孩子的"知心朋友"

孩子经常感到伤心，肯定有其中的原因，比如孩子在家里得不到父母的关心，在学校里得不到老师和同学们的关爱等。这时，父母要与孩子深入交流，做孩子的"知心朋友"。

拒绝留守，再多的物质也换不回童年的陪伴

深秋的街道寒意十足，很多行人都穿着厚厚的衣服，在上下班路上来去匆匆。在一个童装店门口，5岁的王欢和8岁的王芳正在快乐地踢毽子。

"这样踢，1，2，3……"王芳给弟弟王欢做示范动作。

"小心，不要跑到路中间。"妈妈担忧地喊道。

"不会的，妈妈，我们会小心的。"王芳回答道。

"这次踢不起来，可以再试一下，长期踢毽子可以锻炼腿脚的灵活性。"王芳正在教弟弟用脚尖踢毽子，可是弟弟的动

作太笨拙了，经常踢歪。于是，王芳就一遍又一遍地教他。

妈妈在店里一边招呼客人，一边看孩子们快乐地玩耍，脸上不禁露出了幸福的微笑。

就在一年前，为了这两个孩子，妈妈和爸爸十分纠结，到底是送孩子去城里的托儿所呢，还是送回村里做留守儿童？由于在城市的生活成本、教育成本很高，爸爸和妈妈忍痛割爱，送王欢和王芳回村里让爷爷奶奶带。

平常，爸爸和妈妈上班都很忙，很难回去见孩子，没有太多时间关心孩子。每次爸爸妈妈抽空打电话回家，他们都赌气不接电话。可是，爸爸和妈妈从电话里听到他们都在哭。

后来，爸爸妈妈决定辞掉工作，借点钱在小区门口开个童装店。虽然童装店受到网店的挤压，也没有多少盈利，但是，好歹一家人可以在一起。创业后，妈妈既可以看店，又可以照顾孩子，而爸爸呢，除了进货、退货之外，还可以做自己想做的事情，平常研究玉石，有机会就做点买卖。

就这样，他们一家人苦也在一起，乐也在一起，亲子关系慢慢变好了。爸爸妈妈又能听到王欢和王芳甜甜的欢笑声……

在以上故事中，王欢和王芳曾是留守儿童，之前与父母的关系较为紧张，同时缺乏安全感，把伤心和想念的情绪积压在心底。后来，爸爸妈妈决定辞职开店，虽然收入一般，但是能照顾好两个孩子。

遇到类似的情况，父母应该怎么做出抉择呢？以下的建议可供大家参考：

1. 克服困难，把孩子留在身边抚养

如果各方面条件允许，养育者的优先人选当然是孩子的父母，孩子对父母有天然的喜爱和依赖，其他任何人都无法替代。随着孩子年龄慢慢增长，这种心理需要会越来越明显。如果条件不允许，父母也要坚持把孩子留在身边抚养，请孩子的至亲帮忙，且确定至亲对孩子有出自真心的爱。留守儿童和被寄养在亲戚家里的孩子，时常会出现不同程度的心理问题，不容小觑。

2. 保持情绪的积极和稳定，不把生活压力传递给孩子

有的家长虽然选择把孩子留在身边抚养，但是把遇到的生活压力施加到孩子身上，对待孩子时烦躁易怒、过分严苛，这些都不利于孩子形成积极和稳定的情绪。

不说无心的气话，那会伤害孩子稚嫩的感情

"绿树村边合，青山郭外斜"，4岁的勇明跟着妈妈来到山清水秀的山村里看望外婆。在城里，家里有汽车，想去哪里，妈妈就开车载着去哪里。可是到了外婆家，想去哪里都要自己走路。

今天，勇明和妈妈要去山上摘野果吃，可是他们刚走出外婆家，勇明就说："我不想走路了，我要妈妈抱。"

"妈妈不抱，你都这么大了，要自己走路。"妈妈一边往前走一边说。

"妈妈抱嘛，妈妈抱。"勇明开始哭闹起来。

"你这么爱撒娇，妈妈不喜欢哦。"妈妈故意不理他。

"你不抱我，我就不走啦！"勇明开始耍赖。

"你不走就一个人待在这里，妈妈自己走了，不要你啦！什么时候学得这么爱耍赖，妈妈一点都不喜欢啦！"妈妈生气地说，大步往前走。

"呜呜——"勇明一边哭，一边在妈妈后面追，他哭喊着，"妈妈别走，妈妈等等我……"

这以后的好几天里，妈妈都发现勇明变得闷闷不乐的，也不再像以前那样跟她亲昵，就问他："明明，怎么了？"

勇明难过地说："妈妈，你不是说你不喜欢我了吗？我怕我再不听话，你就真的不要我了……"

妈妈听了孩子的话，心里一阵自责，没想到自己无意间的气话，却让孩子这么伤心。当天晚上，妈妈陪着勇明睡觉，哄了他好久，给他讲故事、唱歌，最后勇明才露出了甜甜的笑容，进入了梦乡。

在以上故事中，妈妈在生气时随口说的话，却让孩子信以为真，产生了忧伤的情绪，这让妈妈后悔不已。

孩子的心单纯而脆弱，所以父母在与孩子相处的过程中一定要注意自己的言行。具体来说应该怎么做呢？请看以下的建议：

1. 不用爱来"威胁"

很多父母在想让孩子听话的时候，都会把行为和爱挂钩，比如说"你再这样妈妈就不喜欢你咯"，虽然很有成效，但是这等于用爱来"威胁"和"制约"孩子，容易让孩子产生取悦父母的心理。父母给孩子的爱应该是无条件的，而不建立在孩子优秀、听话等条件上。

2. 生气的时候，跟孩子讲对错

孩子做错了事，父母很生气，就容易说出一些伤害孩子感情的气话，而父母发泄了情绪，却并没有达到教育和引导孩子的目的。这时候，父母要做的应该是客观地分析对错，跟孩子讲道理，让他明辨是非，以后不再犯同样的错误。

鼓励孩子将真实情绪勇敢地表达出来

吃过晚饭，妈妈见秀秀待在房间里，就问她："今天怎么不出去找小朋友玩啊？"

秀秀趴在桌子上，无精打采地说："不想去。"

"噢，对了，以前小美每天都来找你玩，她这些天怎么没过来了？"

秀秀好像被说中了心事，过来坐到妈妈身边，嘬着嘴说："妈妈，小美要转学了。"

"是这样啊，怪不得你心情不好。你跟我说过，小美是你最好的朋友。要不要妈妈帮你买份礼物送给小美？"妈妈安慰秀秀。

秀秀摇摇头，沮丧地说："我送给她她也不会要的，前几天我们绝交了。"

妈妈笑着说："小傻瓜，绝交是你们小孩子说的气话，你看，你们都绝交了，她要转学了，你为什么还这么难过啊？"

见秀秀不说话，妈妈又说："既然你舍不得小美，就应该把自己的情绪告诉她，这样才算是真正的好朋友。不然，等她走了，她也会认为你并不重视这份友谊，你说对吗？"

听了妈妈的话，秀秀点点头，说："嗯！我要去跟小美道歉，我还想跟她做好朋友！"

在以上故事中，秀秀非常舍不得好朋友的离开，但是她不愿意表达自己的情绪。后来，在妈妈的鼓励下，她才勇敢地表达出米，没有错失一份珍贵的友谊。

心中有难过的情绪时，如果孩子不善于表达，情绪就会积压在心里，造成孩子低落的状态，同时还容易让别人误会自己，或者让自己失去珍贵的友谊。

那么，父母该怎么引导孩子表达情绪呢？下面几种方法值得借鉴：

1. 让孩子用语言明确表达自己的情绪

语言是最直观、最有说服力的表达工具，最好让孩子用语言明确地表达自己当前的情绪，让别人知道他的所思所想。

2. 让孩子用泪水表达自己的伤心之情

孩子伤心时，父母可以引导孩子大胆哭出来，用看得见、摸得着的眼泪，来表达自己的伤心之情。

3. 让孩子用眼神和肢体动作表达自己情绪的变化

当孩子的情绪产生变化时，如果他不想用语言来表达，父母可以引导他用眼神和肢体动作表达出来，好让别人明白他内心的想法。

CHAPTER 7

第7章

教孩子分享和交友，懂
社交的孩子不孤单

不合群、独来独往，会让孩子产生孤单的情绪，不利于孩子的健康成长。父母要解决这个问题，就要引导孩子扩大交际活动范围，找到志趣相投的朋友，并学会与别人合作。

引导孩子学会跟他人分享

午饭过后，妈妈带着勇勇去儿童公园玩。勇勇来到沙坑上，拿出自己的挖土机、泥头车、沙铲等玩具，自己玩起沙子来。勇勇先是用挖土机把沙子铲到泥头车上，接着把泥头车推到一边，卸下沙子。当沙子运得差不多了，勇勇就用这些沙子做城堡。而妈妈就在旁边打电话。

很快，公园里的其他几个小朋友围过来，他们一边看着勇勇玩沙子，一边摸着勇勇的玩具。

"这是我的玩具，不许你们玩。"勇勇伸手把所有玩具抱在胸前。

"小气鬼！"小朋友们纷纷说，"大家都不要跟他玩了。"

这时，勇勇抱着玩具转过身去，坚持要一个人玩沙子。妈妈一边打电话，一边往勇勇这边望，基本明白是怎么回事了。

不一会儿，小朋友们都散去了，沙堆上只有勇勇一个人了，显得孤零零的。这时，妈妈走过来，问勇勇："现在你一个人玩沙子，是不是觉得没意思？"

"是呀，可是他们突然间全部走光了。"勇勇环顾四周，发现小朋友们都去玩其他游戏了。

"小朋友们全走了，因为你不跟他们分享玩具，刚才大家在这里玩沙子多热闹啊，有的运沙子，有的堆沙堡，有的藏宝贝。现在你一个人玩肯定不开心了，还会有点孤单吧？"妈妈分析起来。

"嗯，妈妈，那我现在该怎么办？"勇勇问道。

"我建议你抱着玩具去找原来那些小朋友，然后对他们说，'请大家不要叫我小气鬼了，现在我们一起分享玩具，一起去玩沙子吧'。"妈妈开始教勇勇怎么做。

就这样，勇勇按照妈妈的建议，去邀请小朋友们回来一起玩。很快，沙堆上的小朋友越来越多了，有的挖沙坑，有的运沙子，有的做沙房，好不热闹！

在以上故事中，勇勇带着玩具去儿童公园玩，一开始他不跟其他小朋友玩，结果小朋友们都走开了，他一个人玩，觉得很孤单。最后，妈妈建议勇勇把小朋友们邀请回来，人家一起分享玩具，勇勇的孤单情绪消失了，他体验到了集体协作的快乐。

孩子不合群，要么是因为孩子自己脱离集体，要么是因为孩子被集体抛弃，无论是哪种情况，都会让孩子产生孤单的情绪，不利于孩子的健康成长和社会交往能力发展。

孩子不懂得分享，父母应该怎么引导？可参考以下建议执行：

1. 教会孩子分享的原则

父母应教会孩子分享的原则，那就是平等与谦让。孩子之间是平等的，父母应该鼓励他在现实生活中与其他小朋友平等地合作，然后共同分享劳动的成果。谦让是一种美德，比如，当购物的人太多时，孩子要学会礼貌地排队；当东西不够多时，孩子要学会谦让，把东西让给比自己小的孩子。

2. 扩大孩子分享的内容

父母要教给孩子，不光可以分享物质方面的东西，还可以分享一些精神方面的东西，例如分享故事、分享想法、分享快乐或分享荣誉等。

例如，晚上在孩子睡觉之前，父母可以这样对孩子说："宝贝，今天你有什么开心的事情要跟我们分享吗？有什么想法需要跟我们分享吗？有什么好故事要跟我们分享吗？"

3. 给孩子创造分享的条件，并表扬孩子的分享行为

一些孩子喜欢独占他自认为的"好东西"，因为这些东西对他来说只有一个，似乎很稀缺。这时父母要给孩子创造分享的条件，增加"好东西"的数量，让孩子分享起来不会特别心疼。事后，父母还应表扬孩子的分享行为。

　　例如，父母让孩子带东西到学校去的时候，要尽量避免单件物品，如一个苹果、一个玩具、一支蜡笔，这样完全不够分。父母要么不让孩子带东西去学校，要么就让孩子带多一点东西去，如一袋苹果、一盒玩具、一盒蜡笔等，这样孩子更容易分享。

告诉孩子，真诚热情的邀请没有人会拒绝

元旦放假期间，在家里，爸爸妈妈给燕红开生日聚会。

大厅墙壁上贴着"生日快乐"四个大字，桌子上摆放着一个大蛋糕，天花板上吊着彩带……燕红今年8岁了，是小学三年级的学生，这天她要过自己的第8个生日。

"妈妈，饺子包好没有？"燕红问起来。

"早就包好了，也蒸好了，正在电饭锅里保温呢！"妈妈高兴地回答。

"爸爸，音乐准备好没有？"燕红又问。

"早就给你准备好了生日歌，还有其他你喜欢听的歌。"

爸爸拍拍胸脯。

"太好了，谢谢爸爸妈妈，你们辛苦了。"燕红一边拍手一边说。

爸爸看了看手表，突然问道："都快10点了，怎么你的同学还没有来呀？"

"是呀，你没有通知你的同学吗？"妈妈又提醒。

"今年我过生日，就不邀请同学过来了，我跟爸爸妈妈过就可以了。"燕红支支吾吾地说。

"我们一家三口过当然可以，不过你可以趁这个机会请同学过来一起玩，这样就会更热闹一些！而且妈妈包了这么多饺子，爸爸还买了大蛋糕，我们三个人也吃不完呀。"妈妈提出建议。

"新学期刚分班，我不知道大家喜不喜欢我，会不会愿意过来。"燕红说出了心中的顾虑。

"原来是这样啊，宝贝。你不用担心，只要你真诚、热情地邀请大家，没有人会拒绝你的。"妈妈微笑着说。

"真的吗？那我试试看！"燕红在妈妈的鼓励下，给同学们打了电话。让她意外的是，被邀请的同学全都高兴地一口答应。

当天，十几个同学来到燕红的家里，陪她一起过生日。同学们一起唱生日歌，献上美好的祝福，还送给她精美的小礼物，之后大家还一起吃饺子，一起动手切蛋糕，一起分享了很多有趣的事情。就这样，燕红度过了一个难忘的生日聚会。

在以上故事中，燕红过生日，原本不想邀请她的同学们过来一起玩，因为她担心他们会不喜欢她，拒绝邀请。后来，妈妈劝说她，只要真诚、热情地发出邀请，没有人会拒绝。最终，她收获了快乐的生日聚会和真挚的友谊，孤单和担心的情绪一扫而空。

孩子不合群，家长应该怎么加以引导呢？下面有几招可以化解：

1. 创造条件，引导孩子与其他小朋友一起玩

发现孩子不合群，父母可以创造条件，引导孩子与其他小朋友一起玩，让他们玩出更多的花样，让孩子体验到，跟朋友一起玩耍，既开心，又能增长不少见识。

2. 引导孩子与别人合作完成一件事

如果孩子做事总是喜欢自己一个人来完成，父母可以引导孩子与别人合作来完成一件事情。

例如，孩子喜欢一个人做手工，可是做得又慢又不精致。这时，父母可以对他说："你可以尝试与其他小朋友一起合作做手工，你呢，主要想办法提供原材料就可以了，然后请会画画的小朋友画出图案，请细心的小朋友做各种各样的拼接。大家这样一起合作做手工，速度又快，质量又好。"

3. 创造机会，让孩子融入集体生活中

发现孩子经常独自发呆、闷闷不乐，父母应创造更多的机会，让孩子融入集体生活中。比如，父母可以在孩子过生

日的时候让他带糖果去跟同学们分享，也可以帮助孩子提高他的学习成绩或者文艺技能，让他吸引更多"小粉丝"。

例如，孩子读小学后寄宿在学校里，每天过着食堂——宿舍——教室"三点一线"的生活，没有参加任何集体活动。这时，父母可以让孩子学习拉小提琴，让他掌握表演的才能，这样孩子不仅会赢得粉丝，还会赢得集体的认可。以后有什么活动，孩子都更有勇气主动参加。

4. 教给孩子一些社交技巧，避免社交障碍

社交技巧不是与生俱来的，父母需要一点一滴地教给孩子。有些孩子与人交往时，尤其是在人多的场合中，会不由自主地感到紧张、害怕，这时父母应教给孩子一些社交技巧，避免社交障碍。

例如，孩子想要与其他小朋友一起玩时，父母可以教孩子这样说："你好，我能跟你们一起玩吗？""大家好，我有变形金刚，你们有超人，我们一起换着玩，好吗？"

5. 积极主动地参与孩子们的集体活动

很多时候，孩子会根据父母的行为来决定是否要参与群体的活动。每当孩子们有集体活动时，父母要尽可能地多参与。如果父母本身都不合群，他们自己就不会愿意去人多、热闹的地方，更不用说带领孩子融入集体活动了。

例如，孩子参与的兴趣班周末搞集体活动，要组织亲子爬山。父母可以穿上运动衫，欣然前往。父母积极主动地参与孩子们的活动，可以向孩子表明，父母是一向支持孩子的，孩子可以放心地去参加集体活动。

教孩子寻找与新朋友的共同话题

秋天，阳旭家附近搬来了新邻居。

阳旭是4岁的小男孩，正在读幼儿园中班，他对什么都感到好奇，又感到害怕。在邻居搬来的第二天，阳旭就知道新搬来的女孩子叫田田。因为阳旭经常听到，她的妈妈这样叫："田田，你在哪里呀？快点来管好你的猫！"

有一次，阳旭在巷子里与田田面对面擦肩而过，阳旭很想跟田田说点什么，但是他一句话也说不出来。

"刚才你为什么不敢跟邻居的女孩子说话？"爸爸问。

"我不知道要跟邻居说什么，突然感觉很无聊！"阳旭实话实说。

"哈哈，因为你对她不了解，所以不知道说什么，你可以观察她，然后寻找一些共同的话题。"爸爸提醒道。

第二天，阳旭在阳台上偷偷观察田田，发现她正在与猫咪玩耍，她扔出一个红色的球，然后让猫咪帮她找回来。阳旭灵机一动，对爸爸说："爸爸，我知道跟田田说什么了。"

"说什么呀？"爸爸问。

"就说关于猫的话题。"阳旭开心极了。

"不错呀，那你就去找田田聊聊她的猫吧。"爸爸笑着说。

当田田出来遛猫时，阳旭鼓足勇气问她："这只猫能上树吗？"

"当然能了，白白快上树。"田田一声令下，小白猫就敏捷地爬到树上去。

"太厉害了！"阳旭又问道，"这只猫会游泳吗？"

"我也不懂哟，让它试试看吧！"田田又发出命令，"白白快跳到水盆里去。"

小白猫用脚碰了一下水，就"喵"地大叫一声，然后跑得无影无踪。

"哈哈……原来，你的猫怕水。"阳旭笑起来。

"嗯，真没有想到呀！"田田说。

就这样，两个人围绕着猫的话题聊了很多，渐渐地建立起了新的友谊。

在以上故事中，阳旭家附近来了一位新邻居，一开始阳旭不知道要跟她说什么。后来，阳旭通过观察，决定跟小女孩聊聊她的宠物小白猫。就这样，阳旭渐渐收获了新的友谊。

孩子不懂得如何结交新朋友，不懂得跟朋友交流什么，父母该怎样引导呢？下面几种方法值得借鉴：

1. 让孩子演练礼貌用语，学会主动打招呼

平时，父母可以让孩子演练一些社会交往中的礼貌用语，让孩子学会与别人主动打招呼。

例如，与别人见面时，可以说"早上好""下午好""晚上好""你好""很高兴认识你"等；对别人表示感谢时，可以说"谢谢""感谢你的帮助"等；要打扰别人或向别人致歉时，可以说"对不起""请原谅"等；在接受他人的感谢或歉意时，可以说"别客气""不用谢""不要紧""没关系"等；在告别时，可以说"再见""今天玩得很高兴""下次欢迎去我家"等。

2. 借助道具，让孩子找到更多的交流方式

孩子不懂与新朋友交流什么，父母可以引导孩子借助一些道具，让孩子找到更多的交流方式。例如，来了新邻居，父母可以让孩子送一盆花给邻居，并教给对方养花的知识。

3. 教孩子分享秘密，享受交流的快乐

孩子之间聊天最喜欢交换秘密，父母可以引导孩子和小伙伴分享彼此之间的秘密，享受交流所带来的快乐和友谊。

培养孩子的集体荣誉感

上午，爸爸和妈妈带着丽丽去少年宫参与排练。当他们到达时，发现很多小朋友已经聚集在"白骨精的山洞"前开始挑戏服、化装了。这天，来自小区文明家庭的孩子们要集中在一起排练"三打白骨精"的舞台戏。小朋友们有的化装成小妖怪，有的化装成唐僧师徒，只是白骨夫人没有人敢演。

丽丽今年10岁了，她很有表演天赋，最擅长女扮男装。

"丽丽，不如你来演白骨夫人吧，演其他小妖根本不能发挥你的表演天赋。"妈妈游说起来。

"演白骨夫人有什么好的，最后还不是被孙悟空打死三次？"丽丽显得很不高兴。

"那你想演什么？"妈妈问道。

"我要演孙悟空！"丽丽提出自己的想法。

妈妈笑着说："可是你是女生，孙悟空是男的，怎么演呀？"

"女生就不能演男的吗？你看《新白娘子传奇》里演许仙的，不也是一个女演员吗？"丽丽据理力争。

妈妈看见有四个男生已经化装成唐僧、孙悟空、猪八戒和沙和尚了，就说："你看，现在已经有人演孙悟空了，你还是演白骨夫人吧。"

"我最喜欢女扮男装，现在你却让我演白骨夫人，而且白骨夫人没有出风头的机会，我不演了。"丽丽把白骨夫人的戏服挂回去。

爸爸劝说道："不论是演白骨夫人还是演孙悟空，都是为了给咱们小区争取荣誉，你现在是代表咱们小区去跟其他小区的小朋友比赛，就不要计较这么多了。"

丽丽想了想，说："嗯，我愿意为小区争取荣誉！"

就这样，丽丽终于同意出演白骨夫人了，并积极投入到排练中。最后在十大小区舞台戏大赛中，丽丽凭借着优美的舞姿、出色的表演，还有变化多姿的角色，帮助他们小区夺得了集体总冠军。同时，她个人也夺得了"最佳女演员"的称号。

在以上故事中，丽丽不愿意参加舞台戏表演，因为她认为演白骨夫人没意思，要女扮男装演孙悟空才有意思。后来，在爸爸的劝说下，丽丽才积极出演。

孩子不参加集体活动，就得不到集体的帮助，也不能分享集体的荣誉。

孩子不愿参加集体活动，父母该怎么引导呢？下面有几点建议：

1. 带孩子去观看集体表演活动，让孩子感受到团队协作的魅力

有条件的家庭可以多带孩子去观看集体表演活动，如童

声合唱、少年舞蹈、少年武术等。在这些活动中，小朋友们集体巧妙的配合，各种各样的精彩表演，能够让孩子感受到团队协作的巨大魅力，并开始向往这些集体活动。当小区或班级要组织类似的集体活动时，孩子就会表现出更大的兴趣。

2. 不要让孩子宅在家中，为他安排丰富的周末交际活动

周末的时候，父母尽量不要让孩子宅在家中，要为他安排丰富多彩的交际活动，如参加同学的聚会，和小伙伴一起去公园或游乐场玩耍等。

例如，到了周末，孩子总是喜欢宅在家里看动画片，父母可以对孩子说："我们今天要去公园玩，你们班同学也去，我们可以跟他们一起野餐。"

3. 化解冷漠，让孩子感受班集体的温暖和力量

当班里有同学生病住院时，父母可以鼓励孩子参加班集体的慰问活动，让孩子感受到班集体的温暖和力量。孩子参加这些活动，既可以化解心中的冷漠，又可以切身感受到真

善美与正能量。

例如，班里的体育委员在训练中受伤住院了，同学们想去慰问，可是孩子不愿去。这时，父母可以对孩子说："如果你想获得别人的关心，就要学会先关心别人。"

4. 让孩子发挥特长，为班集体赢得荣誉

每个孩子都有一些特长，父母要引导孩子发挥特长，积极为班集体赢得荣誉。

例如，孩子的绘画能力很强，当学校的艺术节开幕时，父母要鼓励孩子把自己的绘画才能表现出来，还可以让他带动全班同学创作各种各样的作品，为班集体赢得更大的荣誉。

CHAPTER 8

第8章

循序渐进地进行"勇气训练",
驱散孩子对未知事物的恐惧

孩子由于年龄尚小，阅历较少，对很多未知事物经常会感到害怕。这时，父母可以通过事先模拟演练、解释自然规律、树立安全意识等方法，来消除孩子心中的恐惧。

为孩子找个"勇气榜样"

医院的候诊大厅里，孩子的哭声连成一片，很多生病的孩子都不愿意打针，抱着妈妈哭得撕心裂肺。

妈妈抱着4岁的军军来到候诊大厅，这里已经满座了，所以他们只好站着。军军看到很多孩子打针时都露出痛苦的表情，听到尖叫声，他自己也被这些情绪影响了。

"妈妈，我们回家吧，我不想打针。"军军拉着妈妈的衣角，面色惨白，声音颤抖，两腿发软。

"不打针你的病就好不了。"妈妈耐心地跟他解释，"打针就像被蚊子咬一样，没有什么可害怕的。"

"可是为什么这些小朋友哭得这么厉害呀？"军军大为不解，因为他发现很多小朋友还没有打针，只是挽起衣袖，或者看见医生的针管，就已经哭得死去活来。

"那是他们没有打过针，看到别人哭，他们也跟着哭。"妈妈想了想，又说，"你还记得吧，一年前，我们家养了一只小狗，有一天小狗生病了，妈妈和你带小狗去看兽医。医生把它翻转过来打了一针，小狗一点也不害怕，不哭闹，也不挣扎，很快它的病就好了。你现在要学那只勇敢的小狗，不要害怕打针。"

"知道了，妈妈。"军军点点头。

不久后，轮到军军打针了，妈妈卷起军军的衣袖，把他迎面抱在怀里，让军军背对医生，这样他就看不见针管了。

"小朋友真勇敢。"医生说着，迅速打完一针。

"怎么样，疼吗？"妈妈问。

"有点疼，比蚊子咬得要疼。"军军露出痛苦的表情，最后眼泪都掉下来了。

"别怕，有妈妈在，等下，妈妈就带你去吃大餐。"妈妈开始安慰他。

"咦？不痛了！"军军小心翼翼地挥动自己的胳膊。

"宝贝你真勇敢，就像勇敢的小狗一样。"妈妈高兴地把军军抱出医院。

故事中的军军去医院打针，十分害怕，见到别的小朋友哭就想回家。妈妈先是给他讲一个勇敢的小狗不怕打针的故事，缓和他的情绪，然后再鼓励他勇敢地去打针。

孩子之所以害怕某种东西，是因为他们没有尝试过，没有经历过，所以没有经验，没有自信。

那么，孩子害怕打针，对疼痛有恐惧感，父母应该怎么做呢？下面有几个妙招：

1. 逃避疼痛是孩子的本能反应，要让他学会勇敢接受

人体有自我保护的本能，针管插入孩子体内会引起不适感，所以孩子会想尽办法摆脱针管，如通过号啕大哭、手脚乱动等方式阻挠打针。逃避疼痛伤害是孩子保护自己的本能反应，请父母不要过于责备，而是要鼓励孩子勇敢去接受未知的挑战。

2. 事先模拟演练，让孩子熟悉医院的陌生环境

父母可以在家里进行简单的布置，用医用玩具与孩子玩角色扮演游戏，和孩子事先进行模拟打针演练，让他慢慢熟悉医院的环境。这样，在真正打针时孩子就不会感到很害怕了。

3. 分散孩子的注意力，以冲淡孩子的疼痛感

孩子在医院打针时，会感到疼痛，父母可以采取分散孩子的注意力的方式来冲淡他的疼痛感。例如，抽血时，父母可以让孩子转过头去，让他玩玩具，或者吃东西，从而减轻他打针时的疼痛感。

4. 孩子哭了，不要拿打针来威胁孩子

日常生活中，孩子哭了，父母不要拿打针来威胁孩子，不要让孩子把打针想象成人生最大的恐惧。

例如，孩子不吃饭，哭了，父母不要说："快点吃，要不然我就叫医生来给你打针。"

科学很有趣，孩子不懂才害怕

5岁的梅颖看着窗外无尽的黑夜，又看到忽闪忽灭的闪电，听到巨响不停的雷声，吓得在屋里跑来跑去。

"爸爸，闪电打下来了，我们快跑吧！"梅颖尖叫起来。

"不要怕，闪电是不会打进屋里来的。"爸爸跟她解释。

"妈妈，天空要掉下来把我们压死了。"梅颖往妈妈怀里钻。

"别怕，天是不会掉下来的，即使掉下来也不会压死我们，因为高山会把天顶住。"妈妈摸着她的头，安慰她。

这时，又是一道闪电划过，妈妈虽然把梅颖紧紧抱在怀里，但还是感觉到小家伙在发抖。

爸爸灵机一动，对梅颖说："我们来玩一下魔法师的游戏吧，我可以指挥天上的雷和电哦。"

"真的吗？"梅颖有点不相信。

"当然是真的了。"爸爸戴上一顶尖尖的帽子，拿来一根"魔法棒"。

当窗外有闪电划过时，爸爸就装模作样地将"魔法棒"朝窗外抖两下，然后说："放雷。"

几秒钟过后，果然有一声巨雷炸响。

"太好玩了。"梅颖觉得很有意思。

"来，爸爸传点'魔法'给你，你也可以做到。"爸爸让梅颖戴上尖尖的帽子，手里拿上"魔法棒"，然后指导说，"当你看到闪电时，把'魔法棒'往窗外抖两下，就能把雷召唤出来了。"

梅颖按照爸爸的指导，试了几次，果然发现闪电之后就有雷声。接着，梅颖就开心地玩起来，慢慢地就不害怕闪电和雷鸣了。

梅颖本来十分害怕闪电和雷鸣，后来，爸爸利用先有闪电再有雷鸣的物理知识，假扮魔法师，跟梅颖一起玩放雷的游戏，让她渐渐摆脱对电闪雷鸣的恐惧。

孩子之所以害怕闪光和巨响，是因为他不理解其中的知识，所以对未知的东西感到困惑与害怕。

那么，孩子怕黑、怕打雷怎么办？下面的方法值得参考：

1. 多带孩子去体验黑暗，减少孩子对黑暗的恐惧

父母可以让孩子到黑夜中瞪大眼睛找东西，在月光下散步，用手电筒照到镜子上，然后转动镜子，让光斑在屋里快速跑动起来。这样做可以减少孩子对黑暗的恐惧。

2. 解释自然规律，减少孩子对电闪雷鸣的恐惧

当孩子很害怕电闪雷鸣时，父母可以向孩子解释，电闪雷鸣是一种自然放电的现象。当天上有厚厚的乌云的时候，云的上部和下部之间会形成一个电位差。当电位差达到一定程度后，就会产生放电和巨响。由于光的传播速度比声音

快，所以我们一般会先看到闪电，再听到雷声。

3. 跟孩子解释地球自转的知识，天黑了还会亮

有些孩子以为天黑了就不会亮，因此感到十分害怕，这时父母应给孩子解释白天和黑夜交替的知识。地球每天都会不断地自转，当地球自转时，面向太阳的一面为白天，背向太阳的一面则为黑夜。白天和黑夜是不断交替出现的。

例如，孩子看到太阳下山就害怕得要哭，这时父母可以对他说："放心吧，你晚上睡一觉，明天太阳公公还会跑回来跟你做朋友。"

4. 给孩子留一盏夜灯，想办法安抚孩子

如果孩子怕黑、怕打雷，父母可以通过拥抱、讲故事的方法来安抚孩子，或者也可以在房间内为孩子留一盏小夜灯，让小夜灯陪伴着孩子入睡。父母可以对孩子说："这个小夜灯的威力可大了，它经过一夜的努力，就可以点亮明天的太阳，你快点睡吧，明天你就会看到奇迹的发生。"

行为疗法，帮孩子战胜恐高

　　周末，爸爸带着金华去爬山，金华第一次看见缆车，觉得很酷，爸爸就带着他坐了。谁知，坐缆车并不如想象的有趣，金华闭着眼，不敢看两边的风景，缆车升到山顶，金华试着睁开眼睛瞄了一眼，竟感到天旋地转、眩晕恶心。下山的途中，金华还趴在路边呕吐不止。

　　回家之后，金华再也不敢走到高的地方，不敢爬树，不敢站在阳台上，连乘电梯上楼都害怕得要命。

　　于是，爸爸带着金华去看医生，医生说："恐高症一般分两种：一种是在高处恐高，那是生理恐高；另一种是怕高处的人或事物，那是心理恐高。你家孩子属于生理恐高，可以通过行为疗法来解决。"

在治疗中，医生让金华坐着玻璃电梯上楼，让他看着自己慢慢升高，而远方的风景渐渐降低。在能引起金华恐惧情绪的高处，医生陪着金华看30～45分钟风景。然后，医生每天都会把高度提高一层楼。金华一开始还很害怕，经过重复的训练，恐惧的感觉慢慢消失了，他坐玻璃电梯上50层楼也不害怕了。

在这个故事中，金华在坐缆车时出现了恐高的症状，后来，爸爸带着金华去找医生治疗，通过行为疗法来解决，让他慢慢减少了对高度的恐惧感。

如果孩子在高处产生恐惧的情绪，父母可以怎样帮助他减轻这种情绪呢？下面几点措施值得大家参考：

1. 通过行为疗法，减少孩子对高度的恐惧感

行为治疗是一种减轻孩子恐高情绪的心理治疗技术。具体来说，就是让孩子在高处行动，通过不断地重复行动，来

消除生理恐惧与心理恐惧。

2. 树立正确的安全意识，告诉孩子有些高度并不会伤害他

平常，父母要跟孩子多讲一些安全知识，让孩子明白有些高度并不会伤害他。例如，孩子望着高高的楼梯，就吓得直后退。这时父母可以告诉孩子："上楼梯是很安全的，因为每级楼梯才16厘米左右，你完全可以一步一步地跨上去。如果你累了，还可从握着扶手，坐在楼梯上休息，等休息够了再往上爬。"

鼓励探索，让孩子在实践中消除恐惧来源

夏夜，新月弯弯，晚风呼啸。这一年爸爸承包的香蕉林获得大丰收，他把香蕉都被收到仓库里。为了防盗，爸爸就带着12岁的亮亮去仓库里看守香蕉。

第一天，亮亮半夜起床上厕所时，突然听到"咯咯"的声响，还看到仓库的外墙上有个大黑影正在不停地晃动。亮亮吓坏了，连忙回来摇醒爸爸："爸爸，外面有'怪物'！"

爸爸披上大衣，前去察看，他心里很快就明白是怎么回事了，但是他想让亮亮自己去弄明白真相。于是，爸爸就故意说："真的好像有'怪物'哟！明天我们一定要逮住它！"

第二天晚上，亮亮特意拿上手电筒，和爸爸一起去寻找

"怪物"。听到"咯咯"的声响时，他马上打开手电筒，往四周照，并叫起来："谁在那里？"可是，除了风声，没有人回应他。这时，仓库的外墙上又出现了"大怪物"的影子，亮亮马上用手电筒照过去，他发现这个"怪物"好像要跟他玩捉迷藏，手电筒一亮，它就跑了。

第三天晚上，亮亮走在爸爸前面，一手拿着手电筒，一手拿着木棍，他想要跟"怪物"大战三百回合。不一会儿，晚风骤起，仓库外面的大树那边传来了"咯咯"的声音。亮亮马上扬起木棍大叫起来："你来吧，我才不怕你呢！"可是，除了呼呼的风声、"咯咯"的响声，再也没有什么其他异常。

亮亮打开手电筒照过去，原来是一棵老槐树，它的树叶全掉光了，只有光秃秃的树枝。亮亮再看看仓库的外墙，发现"大怪物"的影子左右摇摆起来。亮亮马上扬起木棍大叫起来："出来呀，我们一对一单挑！"可是，"怪物"还是没有什么响应。亮亮抬头看看天空，发现天上正挂着一弯新月，那墙上根本没有"怪物"。

"哈哈，我终于搞明白了！"亮亮突然高兴地说。

"怎么样，你把'怪物'赶走了吧？"爸爸故意问。

"根本不是什么'怪物'，而是月光下的树影。风一吹，树就动，所以墙上的影子就动起来了。"亮亮松了一口气。

"亮亮这几天很勇敢，不仅帮爸爸守好了仓库，还通过不断地尝试与探索，识破了'怪物'的真相。"爸爸抚摸着亮亮的头，感到无比欣慰。

亮亮和爸爸在月夜去守仓库，却发现了"大怪物"。可是，爸爸故意不揭穿，而是让亮亮花时间去弄明白真相，原来那是树的影子。通过一番探索与尝试，亮亮学到的知识越来越多，心也渐渐变得强大起来了。

那么，如何让孩子的内心变得强大起来呢？可以通过以卜几种方式实现：

1. 教孩子想办法解决所遇到的一切问题

很多孩子不愿意尝试做新事情、学习新东西，他们的内心总是害怕他们不懂的东西。这时，父母要鼓励孩子多去尝试、多去体验，因为只有在尝试的过程中才能找到解决问题的办法。

例如，孩子从来没有吃过猕猴桃，发现这种水果浑身长毛，就十分害怕，还以为是猕猴的宝宝呢！这时，父母可以对孩子说："这种猕猴桃是水果，不是动物，你不用害怕它。而且这种水果有很多人体所需的微量元素和维生素，你只要尝试吃一口，以后就不怕吃它了。"

2. 不过度保护，给孩子提供独立探索的机会

家长出于爱护孩子的心理，提高安全意识无可厚非，但是对孩子的过度保护，不但加深了孩子的恐惧感，同时也否定了孩子的能力，剥夺了孩子锻炼的机会。由于习惯了家长的保护，孩子会变得柔弱、胆小，不敢挑战新事物，甚至导致孩子产生"无能"的自我评价。所以，想要培养出勇敢的孩子，家长就要收起自己的过分紧张和担心，不用过度保护来束缚孩子天生爱探索的手脚。

CHAPTER **9**

第9章

孩子的厌学情绪重？是父母
的耐心和技巧不够

跟爱玩是孩子的天性一样，不爱上学，对学习有厌烦情绪，好像也是孩子的天性，这让家长们苦恼不已。苦恼之余，家长们或许可以思考一下，自己是否可以通过改进教育方式，来消除孩子的厌学情绪，唤醒孩子的学习热情。

想让孩子乖乖上学，就先缓和他的情绪

早上正值上班高峰期，爸爸一边打电话，一边拉着4岁的芳娜上幼儿园。

走着走着，芳娜突然停下了脚步，不愿走了，还把头摇得像拨浪鼓一样。

"快走，快到小区幼儿园了。"爸爸催促道。

可是，芳娜一屁股坐到地上，任凭爸爸怎么拉也不走。

"你再不起来，我就要抱着你走了。"爸爸生气了。

"不要，不要，我不要上学！我要去玩！"芳娜哭起来。

"现在是上班时间，爸爸妈妈要上班，其他小朋友也要上

幼儿园，你去找谁玩呀？"爸爸察觉到她的情绪变化，开始想办法化解。

"我要去找小区里的小朋友玩。"芳娜泪流满面。

"那好吧，我先跟你说，如果你找不到小朋友玩，就得老老实实回去上学。"爸爸跟她约定，并伸出小拇指与她拉钩。

"好吧，就这样说定了。"芳娜起身开始在小区里闲逛起来。

不一会儿，芳娜来到邻居小萌家，可是，她的奶奶说："小萌上幼儿园去了。"

芳娜又来到玩伴虎子家，可是，他的爷爷说："虎子上幼儿园去了。"

最后，芳娜来到小区的健身休闲区，发现这里有一些老人在下象棋，还有一些保姆在照顾婴儿，根本没有与她同龄的小朋友。

芳娜走遍了小区，找玩伴找得又累又困，最后她垂头丧气地问："小朋友们怎么都消失了？"

"他们不是消失了，而是上幼儿园了。"爸爸趁机开导她说，"不如我们去幼儿园找他们玩吧。"

"那好吧。"芳娜勉强同意了。

爸爸把芳娜送到了幼儿园，准备离开，芳娜感到很紧张，眼里又挂上了泪珠。这时，爸爸说："下午4点半爸爸准时来接你，快进去找小朋友玩吧。"

芳娜这才点点头，背着书包，慢慢走进幼儿园。

在这个故事中，芳娜不愿上学，哭闹着找小朋友玩，爸爸察觉到她的情绪后，先是通过"陪她找玩伴"缓和她的情绪，后来又通过"口头约定"让芳娜乖乖去上学。

孩子哭闹、不愿上学，让很多父母头痛，父母要善于察言观色，了解孩子内心的情绪变化，以便想出合理的应对之策。

那么，父母怎么解决孩子上学哭闹的问题呢？下面几点建议可供大家参考：

1. 通过唱儿歌让孩子高高兴兴地去上学

上学的路上，父母可以一边拉着孩子的手，一边和孩子唱《我上幼儿园》《上学歌》等儿歌，通过每天唱这些乐观向上的歌曲，孩子能够从内心产生对上学的兴趣。

2. 在家对孩子的作息进行规范化管理

不少孩子不喜欢上学是因为在家自由自在，所以学校的作息规范化管理会让他们觉得拘束。为了让孩子能更好地融入学校生活，家长可以适当调整家庭作息。

3. 有必要下点"狠心"，别因为孩子哭闹就带他回家

有些孩子在学校里经常哭闹，老师也会告诉父母具体的情况，这时父母有必要下点"狠心"，别因为孩子哭闹就带他回家。否则只要孩子得逞一次，他以后就会天天哭闹，逃避上学。

用生动的"课堂"形式，拉回孩子飘走的注意力

老师反映陈凯最近的语文成绩有所下滑，所以妈妈决定下班之后亲自给陈凯补习。可是9岁的陈凯在家里学习总是坐不住，听课也听不进。

妈妈曾经当过老师，读古诗的时候感情饱满，语调抑扬顿挫："《忆江南》，作者，白居易。江南好，风景旧曾谙。日出江花红胜火，春来江水绿如蓝。能不忆江南？"

陈凯跟着念起来，声音却有气无力，这让妈妈心中大为恼火。

"陈凯，你没有吃饱饭吗？"妈妈问道。

"我今天不想学习了。"陈凯出神地望着窗外，窗外有蓝

蓝的天空、悠悠的白云，他多么想像小鸟一样飞到自由自在的天空中。

"陈凯，你想什么呢？"妈妈问起来。

陈凯小声说："没想什么，听你上课呢。"嘴上这么说，可他根本坐不住，也听不进，多次走神，不知道妈妈讲到了哪里。

妈妈实在受不了了，就问他："难道你就这么讨厌妈妈给你补习吗？"

陈凯说："不是呀，妈妈，外面天气这么好，风景这么美，真不能怪我。"

妈妈顺着陈凯的眼神看向窗外的景色，突然有了个主意，她放下课本宣布："好啦，今天先不背诗啦，我们来画画吧！"

陈凯拍着手高兴地说："妈妈万岁！我最喜欢画画啦！"

然后，妈妈给陈凯讲了古诗的意思，让他发挥想象力，用水彩画的形式把诗的意境表现出来。陈凯非常用心，画了一幅很棒的作品，获得了妈妈的连连称赞。因为对古诗的意思有了深入的了解，陈凯画完以后，竟然很轻松地就把诗句背诵了出来。

在以上故事中，陈凯有厌学情绪，妈妈给他补习时，他觉得特别难受，一会儿看着窗外发呆，一会儿玩书本。像这种情况，孩子厌学的结果，要么是急躁冒进、学无所成，要么是坚持不了、颗粒无收。

那么，孩子的厌学情绪严重，父母应该怎么办呢？请参考以下几点建议：

1. 分析孩子厌学的原因，对症下药

孩子厌学，父母要好好分析其中的原因，要从孩子和自己身上找出问题所在。到底是家长忙于工作，没有时间对孩子进行正确引导，还是父母对孩子的期望值太高，让孩子的学习压力变大，或是孩子过度追求物质享受，觉得自己的生活已经很好了，根本没有读书的必要？父母弄清楚孩子厌学

的根本原因，然后才能有的放矢、对症下药。

2. 父母不要采取简单粗暴的教育方式

学习是一个循序渐进的过程，孩子的学习成绩时好时坏，是正常的。父母不要发现孩子的学习成绩不好，就批评孩子，认为孩子没有努力，学习态度不端正。这样只会让孩子更加厌学，父母应该用平等和蔼的语气与孩子进行交流，尊重孩子的个性，不要把学习成绩当成唯一的评价标准，要多关注孩子的内心世界。

3. 教孩子学习的方法和技巧，让他快速上手

有时候孩子厌学是因为摸索不出正确的学习方法，所以父母要教孩子一些学习的方法。如教孩子一些常用的记忆方法，包括逻辑记忆（记住规律）、图像记忆（用漫画、图片记忆）、声音记忆（通过多听、多读记忆）等。例如，孩子背课文背不下来，父母可以引导孩子以课文为基础创作一幅画，通过画面来记忆课文，这样会背得更快。

4. 让孩子体会到成就感

有些孩子不知道学习到底有什么用，不知道学习是为了什么，父母又没有正确地引导，久而久之，孩子就厌学了。这时，父母要让孩子体会到学习方面的成就感。例如，孩子写作文不用心，父母就认真教孩子写作文。最后，老师把孩子写的作文当成范文在班上宣读，父母也可以推荐给相关杂志发表，让孩子体会到一定的成就感，这种成就感会明确他的学习目标，从而减轻他的厌学情绪。

情绪会传染，为孩子提供耐心的辅导

晚上，爸爸跌跌撞撞地回到家里来，身上酒气很浓。11岁的慧阳正在楼上做作业，这天老师布置了很多作业。

慧阳没做几道题，就觉得很烦躁，他把作业本一扔，说："真烦人，这道题也不会做，那道题也不会做。"

爸爸见慧阳表现出这种态度，就说："你烦，我更烦，我今天上班不小心做错了一件事，被老板骂了很久。你快点给我把作业本捡回来，快点做完，要不然我对你不客气。"

"可是，爸爸，今天的奥数题太难了，你能不能教一下我？"慧阳希望爸爸能辅导他做作业。

"我看看。"爸爸拿过作业一看，发现挺有难度的，一时间自己也解不开，于是不耐烦地骂起来："谁叫你上课不认真，现在自己不会解题，还要拿这些作业来烦我，快点找你妈去。"

"难道你们不知道我正忙着做家务吗？你不辅导谁辅导呀？"妈妈一边拖地一边说。

"我今天不想辅导了。"爸爸气呼呼地躺在沙发上。

妈妈把作业本拿来一看，发现是一道奥数题：有甲、乙两袋苹果，甲袋装了3个苹果，如果从乙袋中倒出1/3给甲袋，两袋苹果就一样多，请问乙袋原来装了多少个苹果？

妈妈琢磨了一下题目，发觉自己也不会解，于是又推给爸爸："哎呀，还是找你爸去，我还有很多家务要做呢。"

爸爸在沙发上躺了一会儿，酒醒了一些，他意识到刚才自己的态度不好，于是重新调整了自己的情绪，然后温柔地对慧阳说："宝贝，刚才爸爸心情不好，请你原谅。现在你不要烦躁了，烦躁是不能解决问题的。爸爸也不烦躁了，爸爸不能把工作中的情绪带回家，现在让我们一起努力把这道题给解答出来。"

"怎么解呀？"慧阳一脸疑惑的样子。

"我们家不是有一箱苹果吗？我们可以拿出来做实验，帮助解题。"爸爸搬来一箱苹果。

就这样，爸爸和慧阳利用家里的苹果，把这道题成功解答出来了。这时，妈妈向他们两个人伸出两个大拇指，慧阳和爸爸高兴地笑了起来……

在以上故事中，慧阳不会做奥数题，又没有人给他辅导，就很烦躁。虽然爸爸上班被老板骂，心情不好，但是他及时调整了情绪，跟孩子一起努力解题。

平常，父母要学会忍耐，不要轻易表露自己的情绪，因为父母的情绪变化也会影响孩子的情绪。其实，父母可以少点烦躁，对孩子多点耐心，多点温柔。

父母的烦躁影响了孩子的学习情绪，那么父母该如何做呢？下面有两点建议：

1. 父母不要把工作中的坏情绪带回家

不论在工作上遇到什么事情，父母都不能把工作中的坏情绪带回家。不论父母承受什么样的压力，每天回家都应该尽量保持温柔和乐观，对孩子关爱有加。

2. 父母要做好约定，尽量不要在孩子面前争吵

很多父母在生活中经常会因为一些琐事而吵架，甚至大打出手。如果父母双方都控制不了自己的情绪，那么可以做好约定，尽量不要在孩子面前争吵。因为父母争吵，孩子也会感到很伤心，学习上自然缺乏动力。

孩子听不进批评？是家长的方式不对

客厅里安静极了，小猫咪蜷着身子在睡觉，而6岁的娟娟正坐在桌前写字。娟娟刚上小学，写起生字来歪歪扭扭。

"天啊，什么时候才能写完这10个生字呀？"娟娟抓笔的手不断冒汗。

娟娟写错了字，很想发泄一下，于是就将书向猫扔过去："该死的懒猫，害得我写错了字。"

"喵——"猫儿尖叫了一声，拔腿就跑。

"怎么回事，你干吗打猫？你的生字写完没有？"妈妈赶紧过来检查，"你看看，这个'大'字写成了'头'字，这个'目'字写成了'日'字。快点改过来。"

"我写错别字，一怪猫咪捣乱，二怪妈妈做菜太吵，三怪爸爸不指导。"娟娟开始迁怒于爸爸妈妈。

"家里有一点动静你就写不了字，那学校周边都是大马路，车喇叭声一片，别的同学就不能学习了？这分明是你的态度问题。"妈妈一下子就指出她的毛病所在。

"妈妈真坏，妈妈不爱我了。"娟娟动手"呲"的一声把刚才写的一页纸给撕了。

"你等着，我让你爸爸来收拾你。"妈妈去书房叫爸爸。

爸爸对妈妈耳语一番："这孩子批评不得，一批评就生气，不如换个批评方式试试，先表扬，接着稍微批评她一下，最后再表扬。"

过了一会儿，爸爸把娟娟撕的那页纸粘了回去，突然高兴地说："哇，你这个'木'字写得不错，简直帅呆了。"娟娟听后，高兴极了。

接着爸爸又皱着眉头说："不过，这'大'字写成了'头'

字，这个大人是个两头怪。还有这个'目'字写成了'日'字，你把眼睛变成太阳了。"娟娟听后，有点不好意思。

最后，爸爸夸张地跳起来说："天呀，这是我见过写得最好的'米'字！有头有尾，满格张扬，丰满得像大米粒一样。"

经过爸爸这么一说，娟娟心中的烦躁情绪已经消了大半了，于是，爸爸就慢慢指导她把写错的字一一改了过来。

娟娟写了错别字，还把怒气发在猫咪和爸爸妈妈身上。妈妈批评她，她也不改。后来，爸爸换了个批评方式——先表扬，再批评，最后表扬，终于让娟娟虚心接受了意见。

很多家长反映，孩子在学习的时候不用心不说，还批评不得，只要家长提出一点意见，孩子立刻就生气，更加讨厌学习了。

那么，孩子一批评就生气，父母该怎么办呢？可使用以下方法来解决：

1. 换个批评方式——先表扬，再批评，最后表扬

父母发现孩子学习时出现了错误，不要一味地批评，否则会激起孩子的抵触情绪，可以换个批评方式——先表扬，再批评，最后表扬。

例如，孩子在小黑板上写粉笔字，结果东画西画，没有认真写好一个字。这时，父母可以试着鼓励他说："哇，你东画西画，两下就能画出一幅画，真是太棒了。如果能多加几个字说明一下，那就更完美了。""你的这幅画真是太美了，等你写完字之后，我就帮你拍个照发到朋友圈，让大家都来点赞。"

2. 通过和标准参照物比较，客观地指出孩子不足的地方

有时候，面对父母的批评，孩子很不服气，觉得自己的答案没有错。这时，父母不要站在主观的角度批评孩子，而可以通过和标准参照物比较，客观地指出孩子的不足，这样孩子比较容易接受，并真正意识到自己的错误。

　　例如，孩子把英语单词读错了，父母不要"好为人师"，严厉地指导孩子改正，而应该让孩子多听教学音频中标准的发音。这样既可以消除孩子与父母的对抗情绪，又能让孩子迅速掌握正确的读法。

CHAPTER 10

第10章

教孩子不气馁、不嫉妒，
"输得起"才"赢得了"

有的孩子只能接受赢和表扬，不能接受输与批评。他们一旦在考试或竞赛中输了，就会产生气馁甚至嫉妒他人的情绪。这时，父母要引导孩子解决输不起的问题。

让孩子放平心态，告诉他比赛有赢就有输

操场上，欢呼声四起，新蕾幼儿园正在举办滚轮胎比赛。在起点线上，中二班的健健双手在胸前扶着轮胎，准备就绪。其他小选手也同样做好了准备。

"嘟——"老师吹响了比赛的哨声。

比赛开始了，健健用力往前推轮胎，一边推一边跑起来。班上的同学们都大声呐喊起来："健健加油，中三班加油！"

谁知，健健用力太猛，他的轮胎滚偏了，滚到了人家的赛道上。老师吹哨示意健健把轮胎滚回自己的赛道。

健健费了九牛二虎之力，才把"脱轨"的轮胎拖回了自己的赛道。经过这个波折，健健明显落后了一大截，很多同学趁

机超过了他。

"让你们知道我的厉害。"健健用手迅速滚动轮胎，逐渐追上其他同学。

眼看着就要到最后的冲刺阶段了，健健还是有机会拿到第三名的。可没想到，他的轮胎滚到一颗小石头上面，突然"嘣"的一声倒在了地上。

"哎呀！完了。"班上的同学们都捏了一把汗。

就在这个时候，所有的小朋友都把轮胎滚过了终点线。健健只好硬着头皮把轮胎抬起来，再慢慢滚到终点线，他得了倒数第一名。

因为健健在比赛中没有拿到名次，所以他没有得到梦寐以求的大红花。赛后健健坐在一个角落里，大哭起来，十分难过。

"没事的，以后还有机会，还可以赢回来。"老师过来安慰他。

"没想到我会输得这么惨。"健健抽泣着说，"以后我再也不参加比赛了，太丢人了。"

晚上，健健回到家里，把事情的经过跟爸爸妈妈说了。

妈妈很想给老师打电话理论，妈妈对爸爸说："咱们家健健比赛这么辛苦，没有得到名次，好歹也要有个安慰奖吧？"

爸爸不同意妈妈的看法，他拉着健健的手说："在比赛中有人赢就有人输，小男子汉要勇敢地面对现实，不能赢得起，输不起。再说，输掉一场比赛没关系，以后爸爸妈妈多陪你练习，你再赢回来，再得大红花，好不好？"

"好！"健健破涕为笑，跟爸爸击掌。

在这个故事中，健健在滚轮胎比赛中失利，得了倒数第一名。健健输掉比赛后，十分难过，并表示再也不参加比赛了。后来，爸爸开导他说，比赛中的输赢是很正常的，输的人通过长期训练还是可以赢回来的。

那么，孩子总是输不起，一输就哭，父母该怎么办呢？

以下建议可供参考：

1. 让孩子坦然面对，不过多计较比赛的输赢

有些孩子输不起，一输就哭。这时，父母要引导孩子坦然面对，因为有比赛就有输赢，有成功就有失败。

例如，孩子在象棋比赛中，第一轮就被淘汰出局，孩子十分伤心，于是摔了象棋。这时，父母可以对他说："比赛就像硬币的两面，输赢各占一面。最棒的棋手也会有输的时候啊，这是没法避免的事情。"

2. 培养孩子的抗挫折能力，偶尔让孩子输几次

在日常生活中，父母可以故意让孩子输几次，以培养孩子的抗挫折能力。如果孩子从来没有输过，就不知道输的滋味，以后在关键的时候输了，他就会受不了。

例如，孩子要参加绕口令比赛，父母可以先让他与家里的人比赛，让他除了成功，也尝几次失败的滋味。那么，在真正的比赛中，孩子即使输了，也能够乐观地面对。

3. 以输的名义，让孩子正确发泄情绪

孩子输掉比赛之后，会出现哭闹、摔东西等不正确的发泄情绪的行为。这时，父母要引导孩子通过写日记、向人倾诉、出去旅行等较为温和的方式发泄情绪。

例如，孩子在插花比赛中失败了，就说再也不想养花了。这时，父母可以带孩子出去短期旅行，让孩子亲近自然，好好放松心情。

4. 引导孩子总结失败的原因，挑战自己

孩子输掉比赛通常是有原因的，父母要引导孩子总结失败的原因，并鼓励孩子挑战自己，通过不断参赛，提升自己的比赛技能和心理素质。

例如，孩子在朗读比赛中因为读错几个字，输掉了比赛。这时，父母要引导孩子总结失败的原因："为什么会读错字，是看错了呢，还是根本不认识那些字？"如果是孩子看错了，可以训练孩了读慢一些，看清楚一些；如果是孩子不认识那些字，父母就要提供更多的阅读材料，以方便孩子学习更多生字。

失败面前，鼓励孩子不要气馁

东方小学二年级的教室里，数学老师拿来期中考试的试卷，分发给学生。

老师说："有些同学在期中考试中没有考好，不过，后面还有半个学期的时间，还可以努力赶上来。"

7岁的春梅拿到了自己的试卷，发现自己得了尴尬的分数——59。

"是不是老师算错分数了？"春梅从头到尾把试卷的得分重新算了一遍，结果还是59分。

接下来，老师在讲解数学题的时候，春梅根本无心听讲，她发现自己越来越讨厌上数学课了。

春梅心想："学得再多，最后还是不及格，真没劲！"

就这样，春梅基本放弃了学数学，有时，她还会在上数学课的时候偷看漫画书。

有一次，老师正在黑板上向同学们演示"100以内的加减法"，老师在上面讲得口干舌燥，可是春梅却似听非听，她一手拿着课本在桌面上做掩护，一手从抽屉中拿出漫画书来看。

"现在不是看漫画书的时候。"老师突然走过来，没收了春梅的漫画书。

同学们纷纷转头望着春梅，春梅的脸"唰"的一下就红到了耳根。当天，老师把春梅上数学课偷看漫画书的事情告诉了春梅爸爸。

春梅回到家后，爸爸故意问她："今年什么漫画最火呀？"

春梅对答如流："《名侦探柯南》《哆啦A梦》……"

"嗯，你最喜欢柯南了，对不对？"

"对呀，柯南破案简直太厉害了！"春梅兴奋地说。

"那如果柯南像某位同学一样，在破案的时候遇到一点点困难就放弃，就说再也不当侦探了，他还会成为名侦探吗？你还会喜欢他吗？"

"不会……"春梅猜到爸爸是在说自己，不好意思地说。

"你不过是一次期中考试没考好而已，还可以通过努力，在期末考试中取得好成绩啊。加油，小柯南！"爸爸拍拍春梅的肩膀。

"好，加油！"春梅在爸爸的鼓励下信心倍增。

春梅因为期中考试不及格，就开始讨厌学习数学，还在上课的时候偷看漫画书。后来，爸爸通过拿她的偶像柯南打比方，鼓励她努力学习，最终令她重拾自信。

那么，孩子害怕失败，父母该怎样引导呢？下面有几点建议：

1. 给孩子制造一次取得大胜利的机会

如果孩子经历过很多次挫折，再也没有信心和勇气去赢得胜利，那么，父母可以动用自己的资源，让孩子获得一次胜利。因为，长期的失败会让孩子意志消沉，失去自信。

例如，孩子在学校的创意美术比赛中总是输，最后孩子开始否定自己的创意，还抄袭别人的创意，结果在比赛中一输再输。这时，父母可以组织家庭版的创意美术比赛，让孩子发挥创意，创作自己最高水平的作品，然后家人纷纷对孩子的画给予很高的评价，并安排"颁奖""记者采访"等环节，以增强孩子胜利后的成就感。

2. 鼓励和帮助孩子找到解决问题的办法

孩子由于经验不足，做事很容易失败，所以父母在孩子做事之前可以与他多沟通，鼓励和帮助孩子找到解决问题的办法。

例如，孩子在掷飞盘比赛中总是失败，再次比赛时，他非常害怕。这时，父母可以与孩子沟通，教他掷飞盘的好方法："你现在投掷飞盘投得不是很远，可以换个姿势，比如尝试用腰射的方法掷飞盘。投掷时，左脚在前，右脚在后，右手持盘，置于左方腰际，再用腕力将飞盘掷出。"

3. 给孩子试错的机会

有些父母总是过度保护孩子，什么事情都帮着孩子做，结果孩子在独立做事失败时，就很害怕再次尝试。孩子在成长的过程中，一路跌爬滚打，不断试错，不断学习，才学会了抓握、爬行、走路、奔跑等一系列动作。因此，在安全的情况下，父母可以给孩子更多试错的机会，孩子的实践经验多了，自然就不怕失败了。

4. 让孩子在失败中学会坚强，鼓励他再多尝试一次

孩子在成长过程中肯定会遇到很多失败，每次失败后，父母要引导孩子学会坚强，不要患得患失，而要像平常那样去学习、去生活。有机会，父母可以鼓励孩子再多去尝试一次。

例如，孩子参加跑步比赛总是输，这时父母可以开导孩子："比赛拿奖不是你的目的，你的目的在于锻炼身体，所以无须太在意比赛结果。"

引导争强好胜的孩子享受比赛的过程和意义

早上，邻居玉梅来找秀珍玩。她们先用粉笔在地板上画好10个长方形的格子，然后两个人开始在地板上玩"跳格子"，游戏规则是，采用单脚跳的方式前进，把沙包用脚踢到正确的格子里，谁出界、跳错了格子或踩线都算失败。

过了一会儿，妈妈端上来一盘苹果，说："休息一下，吃苹果了。"

"先别吃，我们比一比，看谁跳格子厉害，只有厉害的人才能吃苹果！"秀珍紧接着说道。

秀珍今年8岁了，她平常十分争强好胜，做什么事情都要与别人一争高下。

"比就比，谁怕谁呀。"玉梅做好迎战的准备。

比赛开始了，只见秀珍将沙包放在第一个方格外，然后用一只脚将沙包轻轻踢进第一格内，然后单脚跳进第一格内，用支撑脚将沙包踢过全部方格。整个过程一气呵成。

"太棒了。"妈妈表扬道。

听到妈妈的表扬，秀珍有点得意起来。

轮到玉梅跳了，虽然她跳得很吃力、很慢，但是没有出现沙包压线、出格或连穿两格的现象。

第一局，两个人都没有出错，算是打成了平手。

接着，踢第二局，换成玉梅先跳。玉梅花了很长时间，小心翼翼地跳完所有格子，但是最后压线了。

"呵呵，不行了吧？"轮到秀珍跳格子了。她踢沙包时有点急躁，因为她想尽快结束比赛，打败玉梅。没想到，在最后一格，秀珍用力过猛，把沙包踢出格了。

第二局，两个人都出错了，还是打成了平手。

玉梅出错之后，心情十分平静，她已准备好参加第三局的比赛。可秀珍出错了一次，情绪波动却很大，她越来越害怕会输掉比赛。

在第三局中，让秀珍没有想到的是，自己居然输掉了比赛。看着玉梅高高兴兴地吃苹果，秀珍表示以后再也不玩跳格子了。

秀珍争强好胜，主动挑战邻居玉梅，结果自己输掉了比赛。之后，她的情绪变得十分低落，失败的阴影也挥之不去。

争强好胜是一把双刃剑。它能让孩子积极进取，力争把事情做好，也能让孩子缺乏宽容心，在情绪上有很大的波动，长期如此，会对孩子的心理造成消极的影响。

孩子争强好胜，只能赢，不能输，父母应该怎么办呢？下面有几点建议：

1. 正面引导，告诉孩子"友谊第一，比赛第二"

如果孩子争强好胜，什么都想参与，处处都想表现自己，那么，孩子参赛越多，失败的概率就越高。父母要学会引导孩子通过不断地参赛结识更多的朋友，正所谓"友谊第一，比赛第二"。

例如，孩子强烈要求参加小学电脑绘画比赛，可是他还不熟悉操作电脑，有很大的概率会输。这时，父母可以对孩子说："你参加这次比赛主要的目的，不在于追求名次，而在于多交几个朋友。"

2. 引导孩子适当收敛表现的欲望

有些孩子总是急于表现自己，不分场合和时间，他们总想在父母、亲戚、朋友、老师和同学面前展示自己新学到的本领。这时，父母要引导孩子在关键时刻适度表现一下就可以了，平时要收敛光芒，因为孩子表现得太多，总会有失败的时候。

例如，孩子整天拿着滑板，遇到谁都要比试一番。这时，父母可以对孩子说："你不要急着在人家面前表演，你要通过长期默默地训练，表演给全校师生看。正所谓，不鸣而已，一鸣惊人。"

3. 少拿孩子和别人相比较

平常，父母不要把自家的孩子与别人家的孩子相比较，因为每个孩子的特点和优势都不相同，一些无谓的比较反而会伤害孩子的自尊心，并让他变得争强好胜。

例如，孩子输掉了演讲比赛，父母不能拿"冠军孩子"来贬损自己的孩子，而应该对孩子说："你不用跟别人比，你跟自己比就可以了。参加演讲比赛后，你的演讲能力有了很大提高，这就是你的胜利。"

教孩子成功的方法，消除他的嫉妒情绪

公园里，鸟语花香，游人如织。在一个角落，有人正在玩钓小鱼游戏，用小磁铁把玩具鱼从水里钓出来。

"爸爸，我也要玩钓鱼！"5岁的莹莹兴致勃勃。

爸爸给她拿来一根钓鱼竿，笑着说："你想玩就玩吧！"

于是，莹莹开始兴高采烈地钓起来。莹莹先把磁铁钩放到水里，然后拉来拉去。可是她忙得满头大汗，还是没有钓到一条玩具鱼。

"爸爸，怎么我钓不到鱼呀？"莹莹觉得很奇怪。

"你看看人家是怎么钓的，其实就是利用磁铁吸铁的原

理，用磁铁钩去吸住玩具鱼的铁嘴。"爸爸分析起来，并指着另外一个小朋友，说，"你看，学着那个小姐姐的样子试试，你也能钓到！"

"哼，我才不看人家，我自己会！"莹莹看见小姐姐又钓起了一条鱼，心里很嫉妒，故意说道。

接着，莹莹又把钓鱼竿拉来拉去，可还是没有钓到一条玩具鱼。

"你看人家能钓到玩具鱼，肯定是有他们的好方法的。"爸爸还是建议莹莹学一下别人的钓法。

"整天要我学人家、看人家，那你把人家当成你的女儿算了！"莹莹气鼓鼓地说，还把钓鱼竿扔到地上。

"好了，不要闹情绪了。你不学人家，那就学爸爸吧。"爸爸改变了思路。

于是，爸爸开始示范标准的钓法，先观察玩具鱼的铁嘴朝着哪个方向，然后小心翼翼地把磁铁钩放到水里，朝鱼的铁嘴摆动两下，马上就吸住玩具鱼了。

"爸爸太厉害了！"莹莹鼓起掌来。

"别人能钓着鱼，肯定有他的方法，只要你抛弃你的嫉妒心，我们莹莹这么聪明，很快就能学会正确的钓法。"爸爸趁机教育莹莹。

"知道了！"莹莹点点头。

接下来，莹莹开始使用爸爸的方法钓鱼，结果一连钓得三只玩具鱼，开心极了。

在以上故事中，莹莹玩钓小鱼游戏，看到别人钓到鱼，而自己没有钓到鱼，心中产生了嫉妒的情绪，忍不住发脾气。后来爸爸引导她参考、学习爸爸的钓法。最终，她钓到了玩具鱼。孩子有嫉妒心理，会花很多时间和精力去贬低、打压别人，最后自己也得不到进步。

那么，孩子嫉妒心强，父母该怎样做呢？下面给大家提供一些有效建议：

1. 通过沟通找到孩子嫉妒别人的原因，引导他努力学习别人的优点

一般来说，缺乏自信心的孩子往往容易产生嫉妒心，别人比他做得好，他就受不了、容不下别人。父母要通过深入沟通找到孩子嫉妒别人的原因，引导孩子努力学习别人身上的优点，当孩子学到别人的优点之后，就不会嫉妒别人了。

例如，孩子的同学折出来的纸飞机，飞得又高又快。孩子很嫉妒他的同学，还想方设法破坏同学的纸飞机。这时，父母可以对孩子说："你破坏人家的纸飞机也不能让你的纸飞机飞得更高，你关键要学会人家折飞机的方法。"

2. 鼓励孩子超越自我，而不是去嫉妒别人

孩子的嫉妒心理包括两层，一层是嫉妒别人的好，一层是对自己的差感到自卑。平常，父母要引导孩子学会超越自我，而不是嫉妒别人。孩子在学习和成长方面，如果现在比过去进步了，就是胜利了，用不着再跟别人比来比去，徒生

嫉妒。

例如，4岁的弟弟去年学会了10以内的加减法，今年学会了20以内的加减法。可是，弟弟却去嫉妒6岁的哥哥，因为哥哥学会了100以内的加减法。这时，父母可以开导弟弟说："你今年比去年进步了很多，你用不着去嫉妒哥哥，因为哥哥在你这个年龄还不会算数呢。"

3. 帮孩子建立自信，让他从内心消除嫉妒情绪

父母要帮助孩子建立自信，让孩子从内心真正消除嫉妒情绪。首先，父母要赏识孩子，及时肯定孩子的想法与行动；其次，父母应培养孩子的特长，让孩子在某方面有足够的自信；最后，父母应引导孩子学会肯定自己，在没有他人帮助的情况下独立解决一些问题。